绿色无公害蔬菜栽培管理技术

主 编　师永东　覃开贞　夏　伟

内蒙古科学技术出版社

图书在版编目（CIP）数据

绿色无公害蔬菜栽培管理技术 / 师永东，覃开贞，夏伟主编 . — 赤峰：内蒙古科学技术出版社，2022. 10
（乡村人才振兴·农民科学素质丛书）
ISBN 978-7-5380-3479-0

Ⅰ . ①绿… Ⅱ . ①师… ②覃… ③夏… Ⅲ . ①蔬菜园艺—无污染技术 Ⅳ . ① S63

中国版本图书馆 CIP 数据核字（2022）第 181134 号

绿色无公害蔬菜栽培管理技术

主　　编：	师永东　覃开贞　夏　伟
责任编辑：	许占武
封面设计：	光　旭
出版发行：	内蒙古科学技术出版社
地　　址：	赤峰市红山区哈达街南一段4号
网　　址：	www.nm-kj.cn
邮购电话：	0476-5888970
印　　刷：	涿州汇美亿浓印刷有限公司
字　　数：	156千
开　　本：	710mm×1000mm　1/16
印　　张：	8
版　　次：	2022年10月第1版
印　　次：	2022年11月第1次印刷
书　　号：	ISBN 978-7-5380-3479-0
定　　价：	35.80元

如出现印装质量问题，请与我社联系。电话：0476-5888926　5888917

《绿色无公害蔬菜栽培管理技术》

编 委 会

主 编 师永东 覃开贞 夏 伟

副主编 （按姓氏笔画排序）

王 伟 王红静 王海英 叶国春 毕 玉

闫秀娟 闫顺杰 杜振兵 杜雪莲 李江丽

宋月凤 张文倩 张财先 陈 华 陈家裕

郑秀玲 夏 楠 崔苏玲 韩东星 焦体英

编 委 （按姓氏笔画排序）

王艳华 王慧霞 邢艳敏 刘 婷 李茂武

张 凯 周传凯 姚月霞 郭 飞 唐进会

前言

PREFACE

　　蔬菜在人们的生活中占有非常重要的位置。近年来,随着农业现代化进程的加快和人们消费水平的提高,蔬菜质量逐步向高端发展,绿色无公害蔬菜及有机蔬菜生产得以迅速发展。目前,绿色无公害蔬菜生产已成为新一轮农村产业结构调整的重要组成部分,对促进农业增效和农民增收发挥了重要作用。

　　本书力求吸收众多先进成果和经验,以阐述绿色无公害蔬菜知识及实用技术为着眼点,既注重内容的丰富性和体系的完整性,又注重可操作性和实用性,便于广大菜农、基层单位农业科技人员阅读使用。

　　全书共分十章,第一章介绍绿色无公害蔬菜的标准和栽培技术,第二至第九章分别介绍了绿叶类、根茎类、茄果类、葱蒜类、甘蓝类、瓜类、豆类、白菜类蔬菜的特征特性、对生长环境条件的要求、栽培技术、采收及病虫害防治等方面内容。第十章介绍了蔬菜虫害诊断及其绿色防控技术。本书内容深入浅出,通俗易懂,配有大量的彩色图片,具有很强的操作性和实用性,能为一线人员提供技术上的指导,增加经济效益,以及在促进农业产业结构调整方面发挥积极作用。

　　由于编写时间仓促,书中难免存在疏漏之处,恳请有关专家及广大读者提出批评意见。

编　者

2022 年 3 月

目录
CONTENTS

第一章
绿色无公害蔬菜概述

第一节 无公害蔬菜栽培标准

一、无公害蔬菜及其发展前景

蔬菜是人们每天不可缺少的食物，消费者渴望吃到安全、健康的蔬菜。业内人士指出，绿色、有机、无公害的蔬菜未来市场空间巨大。由此我们可以看出，绿色无公害蔬菜，是蔬菜产业发展的方向。

无公害蔬菜是指在良性生态环境中，按照一定的技术规程生产出的符合国家食品卫生标准的蔬菜。绿色蔬菜、无公害蔬菜认证标识如图1-1、图1-2所示。

图1-1　绿色蔬菜　　　图1-2　无公害蔬菜

1. 推广无公害蔬菜种植的必要性

大量使用化肥、农药和农膜等，已威胁到人们的身体健康。

合理使用农药、激素、化肥、农膜和除草剂来种植无公害蔬菜，维护生态平衡，为子孙后代留下一片净土，是利在当代，功在千秋的大事。

2. 无公害蔬菜的发展前景

（1）无公害蔬菜的市场缺口大；

（2）经济效益显著；

（3）提高农产品的经济效益；

（4）实现农业可持续发展的生态环境的良性循环。

二、无公害蔬菜的标准

食品安全是关系每个人身体健康和生命安全的大事,对于人们生活水平的提高具有重要的保障作用。要想达到无公害蔬菜的质量标准,主要从以下方面进行考量。

土壤环境质量指标 单位:mg/kg

项 目	含量限值					
	pH 值 <6.5		pH 值 6.5 ~ 7.5		pH 值 >7.5	
镉 ≤	0.30		0.30		0.40[a]	0.60
汞 ≤	0.25[b]	0.30[b]	0.30	0.50	0.35[b]	1.0
砷 ≤	30[c]	40	25[c]	30	20[c]	25
铅 ≤	50[d]	250	50[d]	300	50[d]	350
铬 ≤	150		200		250	

注:本表所列含量限值适用于阳离子交换量 >5cmol/kg 的土壤,若 ≤5cmol/kg,其标准值为表内数值的半数。

a. 白菜、莴苣、茄子、雍菜、芥菜、苋菜、芜菁、菠菜的产地土壤环境应满足此要求。

b. 菠菜、韭菜、胡萝卜、白菜、菜豆、青椒的产地土壤环境应满足此要求。

c. 菠菜、胡萝卜的产地土壤环境应满足此要求。

d. 萝卜、水芹的产地土壤环境应满足此要求。

灌溉水质量要求

项 目	浓度限值		项 目	浓度限值	
pH 值	5.5 ~ 8.5		总铅（mg/L）≤	0.05[c]	0.10
化学需氧量（mg/L）≤	40[a]	150	铬（六价）（mg/L）≤	0.10	
总汞（mg/L）≤	0.001		氰化物（mg/L）≤	0.50	
总镉（mg/L）≤	0.005[b]	0.01	石油类（mg/L）≤	1.0	
总砷（mg/L）≤	0.05		粪大肠菌群（个/L）≤	40 000[d]	

注:a. 采用喷灌方式灌溉的菜地灌溉水应满足此要求。

b. 白菜、莴苣、茄子、雍菜、芥菜、芜菁、菠菜的灌溉水应满足此要求。

c. 萝卜、水芹的灌溉水应满足此要求。

d. 采用喷灌方式灌溉的菜地灌溉水以及浇灌、沟灌方式灌溉的叶菜类菜地灌溉水应满足此要求。

环境空气质量要求

项 目	浓度限值			
	日平均		1 小时平均	
总悬浮颗粒物（标准状态）（mg/m³）≤	0.30		—	
二氧化硫（标准状态）（mg/m³）≤	0.15[a]	0.25	0.50[a]	0.70
氟化物（标准状态）（μg/m³）≤	1.5[b]	7	—	

注:日平均指任何 1 日的平均浓度,1 小时平均指任何 1 小时的平均浓度。

a. 菠菜、青菜、白菜、黄瓜、莴苣、南瓜、西葫芦的产地环境空气质量应满足此要求。

b. 甘蓝、菜豆的产地环境空气质量应满足此要求。

第二节 无公害蔬菜栽培技术

一、选择合适的栽种环境

选择合适的栽种环境是确保蔬菜栽培质量的关键。适宜的栽种环境是培养高质量蔬菜的基础，安全的生长环境为绿色蔬菜的品质提供可靠保障。首先，蔬菜栽种地的光照要充足，灌溉便利，且远离人口聚集地，尽可能地降低被污染的可能性。其次，选取适宜蔬菜的种植土壤至关重要。栽种前，要事先对土壤进行化验，富含营养且具备抗病虫害能力的土壤才算是合格。选择合格的土壤可以采取试验种植的方法，连续试种3年后观察蔬菜质量，如果质量较好方可进行大规模种植。但有一点需要注意，在试栽期间，要严格防控污染，确保种植场所的清洁卫生，必要的话还可以采取一定的隔离措施，如利用绿化带、围墙、河流等屏蔽污染。

二、合理施肥

合理施肥

◆注重有机肥和生物肥的施用；
◆注意施肥时期和化肥种类；
◆严格控制化肥的用量；
◆采用科学的施肥方法。

三、病虫害综合防治

1.加强植物检疫和病虫害的预测预报

植物检疫

植物检疫是病虫害防治的第一环节，加强对蔬菜种苗的检疫，未发病地区应严禁从疫区调种和调入带菌种苗，采种时应从无病植株采种，可有效地防止病害随种苗传播蔓延。

预测预报

2. 农业综合防治

农业综合防治

◆ 选用优良抗病、抗虫品种；

◆ 轮作倒茬；

◆ 加强田间管理。

3. 生物防治

生物防治

◆ 利用天敌来消灭害虫；

◆ 利用细菌、真菌、病毒消灭害虫；

◆ 利用昆虫外激素及内激素来防治，如诱杀、迷向、调节蜕皮变态等；

◆ 利用抗生素杀虫灭菌；

◆ 利用植物性杀虫剂消灭害虫；

◆ 利用无毒害的天然物质防治病虫害。

4. 物理防治

物理防治

◆ 灯光诱杀；

◆ 植物诱杀；

◆ 糖醋液诱杀；

◆ 性诱剂诱杀；

◆ 草把诱杀；

◆ 毒饵诱杀；

◆ 黄板、灭蝇纸诱杀。

5.科学使用化学农药

科学使用化学农药

◆ 严格控制农药品种；
◆ 严格控制施药次数、浓度、范围和剂量；
◆ 严格执行农药安全间隔期；
◆ 讲求用药方法。

四、加强田间管理，改进栽培方式

在栽培过程中，要充分利用光、热、气等创造一个有利于蔬菜生长而不利于病虫害发生的环境条件。如选择高畦、大小垄、大垄双行等栽培形式。棚室早熟栽培要预防低温、高湿，采取多层覆盖等增温保湿技术，及时补充二氧化碳气肥，增加光照；同时应加强通风透光，应用滴灌、渗透等节水灌溉技术。棚室延后栽培应在前期高温多雨季节遮阳降温；后期应注意防寒保温，加强中耕除草，以提高地温，减少水分蒸发，增强保水能力。露地蔬菜栽培要及时间苗、定苗，加强水分管理并注意雨季排涝，保持田园清洁。

五、采用设施栽培方式

大棚覆盖栽培，能明显减少降尘和酸性物的沉降，减少棚内土壤中重金属的含量，同时有效调节温度和湿度，促使蔬菜健壮生长，提高蔬菜产量和经济效益。

第三节 蔬菜高效栽培茬口安排

一、茬口安排原则

根据环境条件安排茬口

茬口安排主要依据作物对温度、光照条件的要求，可人为调节温度条件以适应茬口安排。

根据市场需求

在基本满足蔬菜生长发育条件的前提下，通过适期播种，使蔬菜产品在市场需求迫切时上市。

> **突出重点，合理搭配主副茬蔬菜**
>
> 应将产量高、效益好的蔬菜做主茬，其他蔬菜做副茬，副茬蔬菜为主茬蔬菜让路，使茬口安排重点突出，搭配合理，提高设施利用率。

> **注意茬口的衔接**
>
> 在保证主茬蔬菜正常生长发育的前提下，抢种副茬，适当增加设施栽培茬次。但不能使相邻茬次的作物之间影响太大。套种时要尽量减少共生期。

> **茬口安排与轮作换茬相结合**
>
> 在蔬菜栽培中，必须将轮作换茬与茬口安排结合进行，要进行轮作换茬，避免连茬。主要作用表现在，可以合理利用土壤肥力、减轻病虫害、提高劳动生产率和设施利用率。换茬轮作困难时，可进行嫁接栽培或无土栽培。

二、复种制度

> **一年两熟**
>
> 春早熟菜→秋延迟蔬菜。如春早熟黄瓜（或番茄）→秋延迟番茄（或黄瓜）；春早熟菜花→秋延迟番茄（或黄瓜）。

> **一年三熟**
>
> 如春早熟黄瓜（或番茄）→秋延迟番茄（或黄瓜）→越冬菠菜（或油菜）；春早熟番茄（或黄瓜）→越夏豆角→秋延迟菜花（或甘蓝）。

> **一年四熟**
>
> 一年四作四收。如在大棚、日光温室中，冬芹→黄瓜→夏豆角→秋延迟番茄。

三、蔬菜主要茬口安排形式

1. 连作

连作　在同一块土地在不同年份或季节内连续种植同一种蔬菜或同一科蔬菜。

连作常常会出现病虫害加重、产量品质下降、土壤肥力下降等现象。大多数蔬菜一般都要求实行严格轮作，水旱轮作方式更值得提倡和推广。

2. 轮作

轮作　在一定年限内，同一块田地上按预定的顺序，轮换种植不同的作物，常称为"换茬"或"倒茬"。

轮作制度能够合理地利用土壤肥力，减轻病、虫、杂草等的危害，改善土壤的理化性质，使蔬菜作物生长在良好的土壤环境中。应掌握以下基本原则：

①易发同种严重病虫害的蔬菜轮作。

②深根性与浅根性蔬菜以及对养分要求差别较大的蔬菜轮作。

③改进土壤结构。

④重视不同蔬菜对土壤酸碱度的要求。

3. 间作

间作　两种或两种以上生长期相近的作物,在同一块田地上,隔株、隔行或隔畦同时栽培,以充分利用地力和光能,提高单位面积产量的方式叫间作。

一般有主次之分,但生长时间应基本相近。合理的间作能使主副作物得到充分的生长,减轻病虫害的发生,取得较高的产量和产值。

间作的基本原则

❶ 主、副作物都能得到充足的阳光,合理密植,副作物要服从主作物;

❷ 根据主作物特性,将其生长置于最适宜的环境条件下,且另一作物不受影响;

❸ 主、副作物的根系在土壤中分布层不同,吸收能力和所需的主要养分也有差异。

4. 套种

套种　在同一块田地上,于前季作物的生长后期,将后季作物播种或栽植在前季作物的株间、行间或畦间的种植方法。

与间作不同的是,套种的前后季作物的生长期是紧密衔接的,但在套种作物的植株高度及对光照的需求上,后季作物不能比前季作物有更高的要求,对土壤营养的吸收不能出现相互竞争,而是各有侧重。

套种主要包括两种情况

❶ 前季作物蔬菜的生长后期套入处于生长初期的后作蔬菜(或直接播种前作的株行间);

❷ 利用后作前期一个较长的缓慢生长期,在株、行、畦间栽种另一种生长期较短的蔬菜。

四、蔬菜茬口安排

蔬菜品种繁多,按栽培季节进行归类可以分为越冬茬、春茬、夏茬、伏茬和秋冬茬五大类。露地蔬菜茬口安排较为简单,但随着蔬菜设施栽培技术的发展,茬口安排也变得较为复杂。

正确安排蔬菜茬口

❶ 熟悉常见蔬菜的生物学特性;

❷ 掌握一定的气象知识;

❸ 掌握蔬菜栽培过程中的一些基本操作方法;

❹ 掌握蔬菜销售的市场信息和蔬菜新品种信息。

五、蔬菜主要茬口安排形式

(一)露地蔬菜主要茬口安排形式

早熟三大季或四大季

夏菜以茄果类、瓜类、豆类蔬菜为主,秋季以萝卜、大白菜、甘蓝、莴苣、胡萝卜、甜玉米、花菜、瓠瓜为主,冬春季以过冬白菜、菠菜、小萝卜为主。主要供应季节是3—4月、10—12月,经储藏可延迟到次年1—2月。

晚熟两大季或三大季

以晚熟冬瓜、茄子、辣椒、豇豆等为主,前茬一季为迟白菜、莴苣、洋葱、大蒜、春甘蓝、蚕豆等蔬菜作物,后茬一季为晚熟秋冬菜萝卜、菠菜等蔬菜作物。主要供应期是4—6月、8—9月、11—12月。其供应特点是紧接在早熟三大季之后,是解决"伏淡"与4—5月小淡季的主要茬口,为早熟三大季的辅助茬口。

叶菜类为主的多次作栽培

以速生叶菜为主,一年种植四茬以上,一般是从立春起,连续种两三茬白菜或小萝卜,即头茬种小白菜或小萝卜,二茬种白菜或小萝卜,再种一茬伏菜。从下半年立秋起连种两茬秋菜。为避免病虫为害,也有春季种一季早熟茄、瓜、豆,接着种一茬伏小白菜、两茬秋冬白菜、一茬过冬菜。

（二）大棚蔬菜主要茬口安排形式

瓜类蔬菜—小白菜—茄果类蔬菜

瓜类蔬菜于12月中旬至次年2月上旬播种育苗,次年1月中旬至3月中上旬定植,7月上旬前采收结束。小白菜可随时播种,一般每茬生长周期30天左右。茄果类蔬菜秋季栽培于7月上中旬播种育苗,8月中旬左右定植,12月采收结束。

瓜类蔬菜—花菜—越冬茄子、辣椒

瓜类蔬菜于12月中旬至次年2月上旬播种育苗,次年1月中旬至3月中上旬定植,7月上旬前采收结束。花菜于6月中下旬进行降温育苗,7月中下旬定植,10月中旬采收结束。茄子、辣椒于9月上旬播种育苗,11月上旬定植。

瓜类蔬菜—莴苣—茄果类蔬菜

瓜类蔬菜于12月中旬播种育苗,次年1月下旬至2月中上旬定植,6月上中旬前采收结束。莴苣可5月中下旬播种,6月中旬定植,8月下旬采收结束。茄果类蔬菜8月上旬播种育苗,9月上旬定植。

萝卜—西芹—瓜类或茄果类蔬菜

春萝卜可于1月中下旬播种,5月采收结束。西芹于5月下旬播种育苗,8月上旬定植,12月左右采收结束。瓜类12月中旬播种育苗,次年1月上旬定植。茄果类蔬菜可于9月中下旬播种育苗,次年1月上旬定植。

豆类蔬菜—小白菜—瓜类、茄果类或青花菜—萝卜

豆类蔬菜于2月中旬播种育苗,6月采收结束。小白菜可随时播种,生长周期为30天左右。瓜类于7月下旬播种育苗,8月中旬定植,11月采收结束。茄果类蔬菜7月中旬播种育苗,8月中定植,12月采收结束。青花菜于7月中旬播种,8月中旬定植,12月采收结束。越冬萝卜12月可直播。

瓜类—早花菜、甘蓝或小白菜—青蒜

瓜类蔬菜于12月中旬至次年7月上旬播种育苗。早花菜、甘蓝或小白菜于6月中下旬至10月中旬播种。青蒜于8月中旬至12月播种。

番茄—冬瓜—青蒜—茼蒿

番茄选用早熟、抗病品种,如霞粉、合作906,11月上旬育苗,次年2月中旬定植,四层覆盖,4月中下旬上市,7月上旬清田。冬瓜3月上旬育苗,4月上中旬套栽于棚架下脚内侧20cm的番茄行间,每亩(约667m²)200株,伸蔓后在大棚脚外侧搭架引蔓,6月底7月初上市。大蒜7月下旬条播,播前蒜种进行低温处理或用水浸泡24小时,适当密植畦面盖麦秸,覆盖遮阳网,10月上中旬上市。茼蒿11月上旬播种,覆盖棚膜,元旦至春节上市。

第二章

绿叶类蔬菜

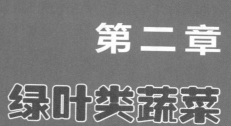

第一节　芹　菜

芹菜　别名旱芹、药芹,属伞形科植物,品种繁多,含有丰富的维生素和矿物盐,而且具有特殊香味,如图2-1所示。芹菜以肥嫩的茎和叶柄供食,含芹菜油,具芳香气味,可炒食、生食或做馅,有降压、健脑和清肠的作用。芹菜高产稳产,病虫害少,适应性广,在我国有着大范围的种植面积,是中国人常吃的蔬菜之一。

图2-1　芹菜

一、对生长环境条件的要求

环境条件

温　度　芹菜属于耐寒性蔬菜,要求较冷凉、湿润的环境条件。发芽适宜温度:15～22℃(7～10天出芽);营养生长适宜温度:15～20℃;春化适宜温度:5～10℃(10～15天)。

光　照　芹菜是耐弱光的蔬菜作物。出苗前需要覆盖遮阳网,营养生长盛期喜中等强度光照,后期需要充足的光照。

水　分　喜湿润的空气和土壤条件。在发芽期要求较高的水分。

土　壤　芹菜对土壤的要求较严格,需要肥沃、疏松、通气性良好、保水保肥力强的壤土或黏壤土。沙土及沙壤土易缺水缺肥,使芹菜叶柄发生空心。

二、栽培技术

1.品种选择

芹菜常见栽培品种有本芹和洋芹两种,本芹的茎和叶柄比较细,而洋芹的茎和叶柄比较宽而厚。茎和叶柄往往分为白色和青色两种,白色的种叶比较细小,多空心,生长周期短,品质好;而青色的高大强健,单株产量大,容易丰产,所以需要根据实际情况选择品种。

本芹,包括津南实芹1号、棒儿芹、菊花大叶、岚芹、铁杆芹菜等。(如图2-2所示)

西芹,包括意大利冬芹、嫩脆、高犹它52-70、佛罗里达638等。(如图2-3所示)

图 2-2 本芹

图 2-3 西芹

2. 种子处理

播种之前需要用清水浸泡处理种子,过程如图2-4所示。

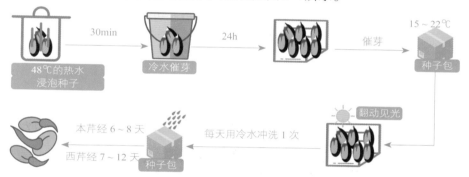

图 2-4 种子处理

3. 苗床准备

建好苗床,需要深耕并且施足底肥,在播种之前需要将畦床拍平,然后浇足底墒水。(如图2-5所示)

图 2-5 苗床准备

4.播种

选择下午4时以后或阴天播种。

5.定植

在定植前6～7天去掉遮阳网,在移植幼苗前一周施1次肥,一般每亩施加10～15kg的硫酸铵,在定植的前一天浇水,栽培需要达到一定的密度。晴天在下午4点以后移栽,需要注意定植的深度,不要露出根系,不埋住心叶。栽植后立即浇水,保证活株。

6.水肥管理

栽培后田间进行施肥,在栽后的10～15天,用小水多次浇灌,并及时追施碳基肥料5～10kg,然后进行20天左右的蹲苗,遮阳可以使根系向下衍生。进入生长旺盛期,应保持土壤湿润,追第2次肥,和第1次追肥一样,边追肥边浇水,整个过程以氮肥为主,切记不可使用人粪尿。

三、病虫害防治

1.芹菜斑枯病

为害症状 主要危害叶片。初发时,叶片病斑呈圆形或不规则形,边缘明显,为黄褐色,中央灰白色,上散生黑色小点,如图2-6所示。冷凉高湿、多雨或植株衰弱时发病重。

图2-6 芹菜斑枯病(叶面发病症状)

防治方法 加强田间管理,施足底肥,合理追肥,增强植株抗病力。在棚中栽培要注意降温排湿,缩小昼夜温差,减少结露,切忌大水漫灌。棚中发病时,可喷撒5%百菌清粉尘剂,每亩每次1kg。露地可喷75%百菌清可湿性粉剂600倍液,或60%琥铜·乙膦铝可湿性粉剂500倍液,或47%加瑞农可湿性粉剂500倍液,隔7～10天1次,连续防治2～3次。

2.芹菜菌核病

为害症状 危害芹菜茎、叶。受害部初呈褐色水浸状，湿度大时形成软腐，表面生出白色菌丝，后形成鼠粪状黑色菌核，如图2-7所示。菌核萌发温度5～20℃，15℃最适，相对湿度85%以上时该病易发生和流行。

防治方法 实行3年轮作。播前用10%盐水选种，除去菌核后用清水冲洗干净，晾干播种。发病初期喷洒50%速克灵，或50%扑海因或70%甲基托布津可湿性粉剂600倍液，或50%多菌灵可湿性粉剂500倍液。棚中发病喷撒5%百菌清粉尘剂，每亩每次1kg。

图2-7 芹菜菌核病（茎基发病症状）

第二节 菠 菜

菠菜 又名波斯菜、赤根菜、鹦鹉菜等，属藜科菠菜属，如图2-8所示。营养价值非常高，有止血止渴，润燥通便等功效，在我国是最受欢迎的蔬菜之一。

图2-8 菠 菜

一、菠菜分类

东方品种　种子大多带刺,叶片较窄,多裂刻,抽薹较早,抗寒性较强,品质鲜嫩。多分布在我国和日本。

西方品种　种子圆形,叶片肥厚,很少裂刻,抽薹较晚,风味淡薄。主要在欧美国家种植。

根据叶型及种子是否带刺分为尖叶和圆叶菠菜。

尖叶菠菜　叶片狭而薄,叶面光滑,种子有棱刺,耐寒能力强,抗热能力弱,对日照敏感,适宜越冬和秋季栽培,如图2-9所示。如双城尖叶、青岛菠菜、绍兴菠菜等。

圆叶菠菜　叶片肥大,多皱缩,种子无刺,春季抽薹晚,产量高,适合春秋栽培,如图2-10所示。如法国菠菜、大圆叶菠菜、南京大叶菠菜等。

图2-9　尖叶菠菜

图2-10　圆叶菠菜

二、对生长环境条件的要求

环境条件		
	温　度	菠菜喜温和的气候条件,耐寒能力非常强,最低温为 −10℃左右的地区可在露地越冬。生长适温为15～20℃,菠菜种子在4℃时就可发芽,在20～25℃时叶片生长最快。
	光　照	菠菜为长日照植物,在低温长日照下有促进花芽分化的作用。
	水　分	菠菜在空气湿度80%～90%、土壤湿度70%～80%的环境条件下,生长最旺盛,营养生长良好,叶厚,品质好,产量高。
	土　肥	菠菜对土壤的要求不是很高,种植选择保水、保肥力强,地下水稍高的土壤。pH值7～7.5呈中性或微碱性壤土。菠菜是速生绿叶菜,在氮磷钾全肥的基础上增施氮肥。

三、栽培技术

1. 品种选择

(1)选择优质、大叶、商品性好、抗病的品种。

(2)春季和越冬栽培应选择耐寒性强、冬性强的尖叶品种。

(3)夏季、秋季栽培,应选用大叶、耐热、畅销的圆叶品种。

2. 种子处理

播种前需要对菠菜种子进行处理。

破籽催芽	用木棍敲破果皮后浸种。

浸　种	用水浸 10～12 小时。

低温处理	浸种后，放在 4℃左右的冰箱中或吊在水井水面上，置 24 小时，然后在 20～25℃的条件下催芽，经 3～5 天出芽后播种。

预防病害	将种子在 1% 高锰酸钾或 10% 磷酸三钠溶液中浸泡 15～20 分钟，用清水洗净后再进行催芽处理。

3. 整地做畦

选择疏松肥沃、保水保肥、排灌条件好的地块做畦。(如图 2-11 所示)

图 2-11　整地做畦

4. 播种

在播种前，先将种子用温水浸泡 5～6 小时，捞出后放在 15～20℃的温度下催芽，每天用温水清洗 1 次，3～4 天便可出芽。

一般采取撒播的方法播种。春菠菜的生长期短，植株较小，播种量增加到每亩 5～7kg。早春播种时最好采用湿播（落水播种），先灌足底水，等水渗完后撒播种子，然后覆土，厚约 1cm。覆土既减少了土壤水分的蒸发，又有保温作用，可以较早出苗。

5. 田间管理

春菠菜前期要覆盖塑料膜保温，出苗后即撤除薄膜或改为小拱棚覆盖，小拱棚昼揭夜盖，晴揭雨盖，让幼苗多见光。

采取湿播法播种的春菠菜，由于土壤水分充足，一般可以在苗长出 2～3 片真叶时浇第一水。从浇第二水开始，每亩随水追施尿素 15kg，或每亩施氮钾肥 20kg，尤其是在采收前15天要追施速效氮肥。浇水根据气候及土壤的湿度状况进行，原则是经常保持土壤湿润。

6.适时收获

一般播种后40~60天便可采收。

四、病虫害防治

(一)病害

1.菠菜枯萎病

为害症状 病株长出3片真叶后开始发病。发病初期叶片变暗失去光泽，逐渐萎蔫黄化，如图2-12所示，向下扩展后，根部变褐枯死；发病植株明显矮化。天气干燥、气温高病株迅速死亡；低温潮湿条件下，病株继续存活一段时间，如图2-13所示，有的病株可长出新的侧根。

图2-12 菠菜枯萎病（叶片萎蔫黄化）　　图2-13 菠菜枯萎病

防治方法

①地面喷施新高脂膜800倍液对土壤隔离病虫源处理；适时播种，随即用新高脂膜喷施表面保温保墒，防止土壤板结，提高出苗率。

②抓好肥水管理，当增施磷钾肥，避免偏施氮肥，适时喷施叶面肥加新高脂膜使植株早生快发；适当浇水，勿使田土过干或过湿，雨后注意清沟排渍降湿；在菠菜生长阶段适时喷施壮茎灵，使植物茎秆粗壮、叶片肥大，提高菠菜抗病力，减少农药化肥用量，降低残毒，提高菠菜品味。

③若发现病株及时拔除，并根据植保要求喷施25%甲霜灵可湿性粉剂800~1 000倍液，或50%多菌灵可湿性粉剂500倍液等针对性药剂进行防治，7~10天1次，共2~3次或更多；并配合喷施新高脂膜增强药效，提高药剂有效成分利用率，巩固防治效果。

2.炭疽病

危害症状 叶片染病，初生淡黄色小斑，如图2-14所示。扩大后病斑呈椭圆形或不规则形，黄褐色，并具有轮纹，边缘呈水渍状，中央有黑色小点。天气干燥时，病斑干枯穿孔。发生严重时，病斑连成片，使叶片枯黄，如图2-15所示。

防治方法 发病初期，连续喷雾防治2~3次，用药间隔期7~10天，药剂可选用

80%代森锰锌可湿性粉剂600～800倍液（每亩用药量150～180g），或70%甲基托布津可湿性粉剂1 000倍液（每亩用药量100g），或75%百菌清可湿性粉剂600倍液（每亩用药量165g），或50%多菌灵可湿性粉剂800倍液（每亩用药量125g）等。

图2-14 菠菜炭疽病（叶片黄斑）

图2-15 菠菜炭疽病（叶片枯黄）

3. 菠菜白斑病

危害症状 症状主要出现在叶片上，如图2-16所示。下部叶片先发病，病斑呈圆形至近圆形，病斑边缘明显，大小0.5～3.5mm，病斑中间黄白色，外缘褐至紫褐色，扩展后逐渐发展为白色斑。湿度大时，有些病斑上可见灰色毛状物；干湿变换激烈时，病斑中部易破裂。

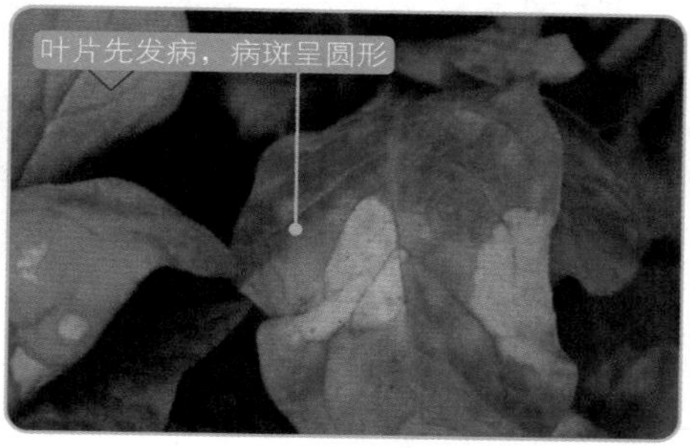

图2-16 白斑病

防治方法

①加强田间管理，应及时间苗、清除田间杂草；浇水降低地温；喷施有机肥，做到氮、磷、钾配合施用，在菠菜生长阶段适时喷施壮茎灵，使植物秆茎粗壮、叶片肥大，提高菠菜抗病力，减少农药化肥用量，降低残毒，提高菠菜品味。

②在发病初期，喷洒30%碱式硫酸铜悬浮剂400～500倍液，或1∶0.5半量式波尔多液用160倍水稀释，或75%百菌清可湿性粉剂700倍液，或50%多菌灵可湿性粉剂1 000～1 500倍液，隔7～10天喷1次，连喷2～3次。

（二）虫害

1. 菠菜菜螟

危害症状 前期啃食菠菜叶肉，后期爬向心叶，在心叶内取食致使心叶枯死，心叶枯死则植株即将死亡。后进入茎髓或根部使菠菜整株死亡，危害极大。（如图2-17所示）

防治措施

①因地制宜调节播期。在菜螟常年严重发生危害的地区，应按当地菜螟幼虫孵化规律适当调节播种期，使易受害的幼苗2～4叶期与低龄幼虫盛见期错开，以减轻危害。

②结合管理，人工捕杀。在间苗、定苗时，如发现菜心被丝缠住，即随手处理之。

2. 大青叶蝉

危害症状　大青叶蝉的为害特点是成虫和若虫为害叶片,刺吸汁液,造成叶片褪色、畸形、卷缩,甚至全叶枯死。此外,还可传播病毒病。(如图2-18所示)

防治措施

①在成虫期利用灯光诱杀,可以大量消灭成虫。成虫早晨不活跃,可以在露水未平时,进行网捕。

②在9月底10月初,收获庄稼时或10月中旬左右,当雌成虫转移至树木产卵以及次年4月中旬越冬卵孵化,幼龄若虫转移到矮小植物上时,虫口集中,可以用90%敌百虫晶体或80%敌敌畏乳油,或50%辛硫磷乳油,或50%甲胺磷乳油1 000倍液喷杀。

图2-17　菠菜菜螟　　　　　　　　图2-18　大青叶蝉

第三节　苋　菜

　　苋菜　以柔嫩茎叶为食用部分的一年生草本植物,如图2-19所示。原产于作我国,只有我国、印度、日本等为蔬菜栽培。我国长江以南栽培较多,北方现在也有栽培。苋菜是一种很多人都爱吃的蔬菜,用它煮出来的汤红红的,苋菜煮皮蛋也是一道非常美味的菜肴。

图2-19　苋　菜

一、对生长环境条件的要求

环境条件

温度 苋菜喜暖温，较耐热，不耐寒冷；种子发芽适温 15 ～ 20℃；茎叶生长适温在 23 ～ 27℃，此时营养生长最旺盛；遇霜即枯死。

光照 属于短日照蔬菜，在气温适宜、日照较长的春季栽培，营养器官生长繁茂，抽薹迟，品质柔嫩，产量高。

水分 有抗旱能力，发芽出苗及茎叶生长要求较湿润的土壤，有利于提高产量和品质。不耐涝，对空气湿度要求不严。

土肥 对土壤的适应性较强，以肥沃疏松、偏碱性土壤为最好。对氮肥的吸收量较大，生长期间不断满足其需要，可使植株生长迅速，茎叶柔嫩，产量高。

二、播种技术

1. 浸种催芽

在凉水中浸种 24 小时，浸种过程中需搓洗几遍，以利吸水。在冬季、早春将浸泡过的种子捞出，用清水搓洗干净，捞出沥净水分，用透气性良好的纱布包好，再用湿毛巾覆盖，放在 15 ～ 20℃条件下催芽，当有 30% ～ 50% 的种子露白时即可播种。其他季节采用直接播种的方式栽培。

2. 整地施肥

苋菜种植宜选择杂草少的地块。虽然其对土壤要求不严格，但以土壤疏松、肥沃、保肥保水性能好的土壤为佳。每亩施入腐熟有机肥 5 000kg、25% 复合肥 50kg，精耕细作，做成畦宽 1 ～ 1.2m，沟宽 0.3m，沟深 0.15 ～ 0.2m 的高畦。

3. 播种方法

苋菜的种子较小，播种掺些细沙或细土可以使播种均匀，每亩用种量 0.25 ～ 0.5kg。可平畦撒播或条播，撒播的可用四齿耙浅搂或不搂；条播者春季可稍深、夏季宜浅，浅覆土，然后镇压，即可浇水，等待出苗。冬季、早春加盖薄层稻草保湿，再盖上一层地膜保温。夏季加盖防晒网。

三、田间管理

1. 温度管理

在冬季、早春出苗后揭开地膜和覆盖物，浇水后在大棚内再建小型拱棚，以利保温。在外界气温较低时于傍晚在小棚上加盖一层草帘保温。夏季出苗后，及时加盖防晒网，早盖晚揭。

2. 水分管理

在冬季、早春要保持土壤湿润，小水勤浇，尽量选择在晴天上午浇水，并在齐苗后浇施 1 次 0.2% 尿素水溶液，以后 7 ～ 10 天追施 1 次，促进生长。夏季适当加大浇水量，一般在早晨、傍晚浇水。

3. 合理追肥

要多次追肥,一般在幼苗长出2片真叶时追第1次肥,过10～12天追第2次肥,以后每采收1次追肥1次。肥料种类以氮肥为主,每次每亩可施稀薄的人粪尿液1 500～2 000kg,加入尿素5～10kg。

四、病虫害防治

农业防治　选用耐热(寒)抗病优良品种,合理布局,一定时间内与其他作物或水稻轮作,清洁田园以减少病虫源,培育壮苗,提高抗逆性,增施有机肥,平衡施肥,少施化肥。恶劣天气喷施叶面肥(如高利达)。

物理防治　利用黄板诱杀蚜虫,黑光灯诱杀蛾类。

生物防治　利用天敌对付害虫,选择对天敌杀伤力低的农药,创造有利于天敌生存的环境。采用抗生素(农用链霉素等)防治病害(软腐病)。

第三章

根茎类蔬菜

第一节 萝卜

萝卜 别名莱菔、芦菔，是十字花科萝卜属一年生或二年生草本植物，如图3-1所示。我国是萝卜的起源中心之一，有着悠久的栽培历史，南北方普遍栽培。其产品除含有一般的营养成分外，还含有淀粉酶和芥子油，有助消化、增进食欲的功效。

图3-1 萝卜

一、品种类型

1. 秋冬萝卜

夏末秋初播种，秋末冬初收获，生长期60～120天。优良品种有薛城长红、扬州大头红、浙大长、心里美、沈阳红丰1号、沈阳红丰2号、青圆脆等。（如图3-2所示）

2. 冬春萝卜

长江以南及四川等冬季不太寒冷地区10月份播种，露地越冬翌年2—3月份收获。优良品种有杭州的大樱洋红、武汉的青不老、昆明三月萝卜、南畔州春萝卜等。（如图3-3所示）

3. 春播萝卜

这类萝卜3—4月份播种，5—6月份收获，生育期45～70天。优良品种有泡里红、五月红、克山红、春萝1号、白玉春等。（如图3-4所示）

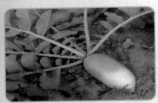

图3-2 秋冬萝卜

图3-3 冬春萝卜

图3-4 春播萝卜

4. 夏秋萝卜

这类萝卜在夏季播种，秋季收获，生长期40～70天，具有一定的耐热、耐旱、抗病虫

的特性。优良品种有广州的蜡烛红、象牙白、美浓早生,杭州小钩白,南京中秋红萝卜等。(如图3-5所示)

5. 四季萝卜

这类萝卜都是扁圆形或长形小萝卜,生长期很短,除严寒、酷暑期外都可播种。主要在春末夏初上市。优良品种有小寒萝卜、烟台红丁、上海小红萝卜、杨花萝卜等。(如图3-6所示)

图3-5　夏秋萝卜　　　　　　　　　　图3-6　四季萝卜

二、对生长环境条件的要求

环境条件		
	温　度	为半耐寒性蔬菜。种子萌发适温为 20 ~ 25℃。幼苗期耐高温也耐低温,能耐 25℃以及 −2 ~ −3℃的温度。萝卜茎叶生长的适温为 15 ~ 20℃,肉质根生长的适温为 18 ~ 20℃。
	光　照	长日照,中光性蔬菜,光照不足会引起叶柄伸长,下部叶营养不良,提早衰亡。
	水　分	不耐干旱,适宜土壤湿度为 65% ~ 80%,空气湿度 80% ~ 90%,若湿度低,萝卜就瘦小、粗糙、木质化、辣味重,易空心。水分时多时少会造成萝卜开裂,若过多会造成烂根和黑心。
	土　壤	土壤疏松,土层深厚,排水良好。含沙过重,萝卜细小;黏性重的土壤引起萝卜分叉。土壤 pH 值要求在 5.3 ~ 7.0。
	肥　料	有机肥为主,氮、磷、钾的比例为 2.1 : 1 : 2.5。若土壤缺硼易造成萝卜心腐病。

三、栽培技术

1. 栽培季节与茬口安排

北方大部分地区可进行春、夏、秋三季种植。一般多以秋萝卜为主要茬次,其他季节生产主要在于调节市场供应,是堵淡的重要茬次。

萝卜前茬最好选施肥多而消耗少的非十字花科蔬菜,也可以大田作物小麦、春玉米作为前茬。秋萝卜也可以和大田作物进行间、套作。

2. 整地与施肥

选择土层深厚的中性或微酸性的沙壤土。萝卜地要早耕多翻,打碎耙平,施足基肥,如图3-7所示。施肥量因土壤肥力和品种而异,切勿使用未腐熟的有机肥,以免长分叉根。

整地做垄,如图3-8所示。

每亩:腐熟有机肥3 000~5 000kg,过磷酸钙10~15kg,草木灰50kg

50~60cm   50~60cm

图3-7　整地施肥

图3-8　整地做垄

3. 播种

大型品种采用穴播,每穴播4粒左右种子,株行距为50cm×40cm(指定苗距离)。中型品种采用条播,每亩用种0.6~1.2kg,株行距45~30cm(指定苗距离)。小型品种采用撒播,每亩用种1.8~2kg,株距10~15cm(指定苗距离),播后撒火土灰盖种。地下水位低,每畦栽三行;地下水位高,每畦种两行。

四、田间管理

1. 间苗和定苗

间苗分2~3次进行,第1次在子叶充分展开时,第2次在长出3~4片真叶时;在4~5片真叶期(破肚)定苗。选具有原品种特征的单株,苗距依品种而定,以保证合理密植。

2. 合理浇水

叶片生长盛期需水较多,但为了预防徒长,浇水以地面见湿见干为原则。根部生长盛期,需充分均匀地供水,以满足高产优质的需要。收获前5~7天停止浇水,以提高肉质根的品质和耐储藏性能。在多雨季节,应注意排水。

3. 追肥

除施足基肥外,追肥一般进行2~3次,如图3-9所示。蹲苗结束后,每亩结合浇水施尿素。幼苗具2~3片真叶时追施第1次(提苗肥),即结合灌水每亩施尿素10kg。肉质根生长盛期,追第2次肥,每亩施尿素15~20kg、硫酸钾15kg。追肥需结合浇水冲施,切忌浓度过大或离根部过近,以免烧根。

4. 中耕除草与培土

及时中耕除草,以免影响幼苗生长。中耕不宜深,只松表土即可,多在封垄前进行。高畦、高垄栽培的,要结合中耕培土,把畦整理好。(如图3-10所示)

5. 收获

当萝卜肉质根充分膨大,叶色转淡渐变黄绿时,为收获适期。

图 3-9　追肥

图 3-10　除草与培土

五、病虫害防治

(一)生长中常见的几种异常情况及其防预措施

1. 先期抽薹

危害症状　先期抽薹是在产品器官形成之前遇到低温春化所致,如图 3-11 所示。这与使用陈种子、播种过早,又遇高温干旱,以及品种选用不当、管理粗放等有关。

防治措施　需严格掌握品种特性,采用新种子播种。春季适期播种。冬春季保护地早熟栽培时,加强保温防寒,加强水肥管理。

2. 糠心(又叫空心)

危害症状　肉质根的木质部松软,甚至为蜂窝状,食用时口感绵软不脆嫩,如图 3-12 所示。因秋播过早,收获过晚,储藏时覆土过干、温度过高等造成。

防治措施　选适宜品种,适期播种,加强肥水管理,储藏期避免高温、干燥。

图 3-11　先期抽薹

图 3-12　糠心

3. 裂根

危害症状　肉质根开裂,如图 3-13 所示。由于肉质根生长前期高温过早,周皮层组织老化,而生长后期供水充足,膨大迅速,胀破周皮而致。

防治措施　生长前期天气干旱时,要及时浇水,生长中后期肉质根迅速膨大时要均匀浇水。

4. 杈根

危害症状　由于用陈种子播种,耕层太浅,土壤板结,混有砖石瓦砾,施用未腐熟的肥料,地下害虫危害等因素造成,如图 3-14 所示。

防治措施　用新种子,对土壤深耕细作,施肥合理得当,采用直播方式播种;防治地下害虫等。

图 3-13　裂根

图 3-14　杈根

5. 辣味及苦味

危害症状　肉质根辣味是由于高温干旱、肥水不足,肉质根内产生过量的芥辣油造成的。苦味是由于施用氮素过多,缺少磷、钾肥所致,从而使肉质根内产生一种含氮的碱性化合物即苦瓜素造成的。

防治措施　注意栽培管理并合理施肥。

(二)病害

1. 黑斑病

危害症状　叶片出现棕黑色稍凸起的小圆斑,然后扩大到边缘,呈淡白色;潮湿的环境中,斑点在黑色霉层上。(如图 3-15、图 3-16所示)

图 3-15　黑斑病初期症状

图 3-16　黑斑病后期症状

防治方法　选择抗病品种种植,并及时清理田园,减少病源。发病后,使用苯醚甲环唑,噁酮·锰锌,或戊唑醇,或嘧啶核苷类抗菌素喷洒防治,能够起到很好的防治效果。

2. 萝卜黑腐病

危害症状　主要为害叶和根。幼苗期发病,子叶呈水渍状,根髓变黑腐烂。叶片发病,叶缘多处产生黄色斑,后变"V"字形向内发展,叶脉变黑呈网纹状,逐渐整叶变黄、变干枯。病害沿叶脉和维管束向短缩茎和根部发展,最后使全株叶片变黄枯死。萝卜肉质根受害后,透过日光可看出暗灰色病变。(如图 3-17、图 3-18所示)

防治方法　播种前用50℃温水浸种30分钟。适时播种,不宜过早。苗期小水勤浇,以免降低土温,及时间苗、定苗。可用50%福美双可湿性粉剂750g,对水10L后拌入100kg细土中,在播种前撒入穴中。发病初期喷洒72%农用硫酸链霉素可溶性粉剂3 000～4 000倍液,或14%络氨铜水剂300倍液,每7～10天1次,连续3～4次。

图3-17　黑腐病叶片症状

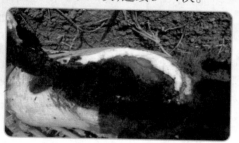

图3-18　黑腐病根内部症状

第二节　胡萝卜

胡萝卜　别名红萝卜,是伞形科胡萝卜属野胡萝卜的变种,一年生或二年生草本植物(如图3-19所示)。在我国南北各地均有栽培,是冬春季节主要蔬菜之一。

图3-19　胡萝卜

一、对生长环境条件的要求

环境条件

温度	为半耐寒性蔬菜,发芽适温20～25℃,茎叶生长适温23～25℃,肉质根膨大适温13～18℃,开花结实适温25℃左右。春播时防止先期抽薹。
光照	长日照,中光性蔬菜,光照不足会引起叶柄伸长,下部叶营养不良,提早衰亡。
水分	耐旱性比萝卜强,生长前期水分过多,地上部易徒长;生长后期水分不足,肉质根不易充分膨大,产量低。
土壤	适合土层深厚,肥沃,富含有机质,排水良好的沙土或沙壤土。土壤pH值5.0～8.0。
肥料	胡萝卜需氮、钾肥多,磷次之。

二、栽培技术

1. 施足基肥

在前茬作物收获后，应及时清理园田，把表土整细整平，再清一遍田间残根及杂草，进行晒土。结合深耕土壤，施入基肥，如图3-20所示。

胡萝卜有平畦种植和起垄种植两种方法。起垄种出的胡萝卜商品性高，产量高。平畦种植是在整地之后，将畦面耙平，然后开沟，在沟内撒种，沟深两三厘米。起垄种植时，垄高宽如图3-21所示，在垄上开沟种两行，在沟内撒种，覆土。

图3-20　整地施肥

图3-21　起垄

2. 生长阶段

胡萝卜从播种到采收，需要90～140天的时间，大致可分为发芽期→苗期→叶生长盛期→肉质根膨大期4个阶段，如图3-22所示。

图3-22　胡萝卜生长阶段

3. 播种

在播种前要搓去种子上的刺毛，并浸种催芽。播种方式可采用条播或撒播。

条播　按15～20cm行距开深、宽均1.5～2cm的沟，顺沟播种，如图3-23所示，耙平，稍镇压，覆草或覆地膜保湿。

撒播　通常将种子混以3～4倍细土一并播种，覆土、镇压、浇水。

4. 间苗、定苗

第1次间苗在幼苗长出1～2片真叶时，拔除过密的植株，使株间距离保持在3～4cm。第2次间苗在3～4片真叶时，株间距保持在5～7cm。幼苗长到5～6片叶时，按株距15～18cm定苗，如图3-24所示。在间、定苗的同时，应结合除草，条播的还需进行中耕松土。

图 3-23 条播

图 3-24 定苗

5. 水肥管理

施肥浇水采用的是水肥一体化滴灌技术，如图3-25所示。水肥一体化技术是将灌溉与施肥融为一体的农业新技术。水肥一体化是借助压力灌溉系统，将用可溶性固体肥料或液体肥料配制而成的肥液与灌溉水，一起均匀准确地输送到作物根部土壤中的管理技术。播种后浇透水，幼苗期基本不浇水，进行蹲苗。苗期随水施尿素每亩10kg。胡萝卜肉质根长到手指粗细时进入膨大期，应及时浇水，保持地皮见湿见干，并结合浇水追施尿素和硫酸钾2～3次，每次施尿素15～20kg、硫酸钾5kg。

6. 中耕除草培土

中耕除草及时培土，如图3-26所示。胡萝卜肉质根膨大期肉质根生长快容易长出地面，露出地面的部分阳光直射产生叶绿素而变绿，组织硬化，品质和外观下降，这就是胡萝卜的青头现象。

图 3-25 水肥滴灌

图 3-26 除草培土

7. 收获

胡萝卜从播种到收获的时间，根据品种的生育期不同而不同，早熟品种80～90天，中晚熟品种100～140天。一般来说，肉质根充分膨大，符合商品要求时即可收获上市。收获过早，肉质根未充分膨大，产量低，品质差；收获过晚，易木栓化，降低品质。

三、病虫害防治

胡萝卜病虫害较少，主要病害有黑斑病和软腐病。选用抗病品种，使用包衣种子，可以有效预防病害的发生。胡萝卜的虫害主要为菜青虫和菜蚜虫。

第三节 莴笋

莴笋 又称莴苣，如图3-27所示，为菊科莴苣属莴苣种能形成肉质嫩茎的变种，一二年生草本植物。

图 3-27 莴笋

一、对生长环境条件的要求

环境条件

温度	属耐寒性蔬菜，喜冷凉，不耐高温。发芽温度为15～20℃，幼苗生长适温为15～20℃，茎生长温度为11～18℃。喜昼夜温差大，开花结实要求温度为19～22℃。
光照	长日照，中光性蔬菜。
水分	对土壤表层水分状态反应极为敏感，需不断供给水分，保持土壤湿润。
土肥	需肥量较大，宜在有机质丰富，保水保肥的黏质壤土或壤土中生长。莴苣喜微酸性土壤，pH值6.0左右。

二、栽培技术

1.土壤施肥

选择松软、排水好、有机质丰富、保水保肥能力强的地块种植。要深耕晒地，肥料选用腐熟的农家肥，施肥适量。晒垡7～10天后细细地整地。开墒距离以1.8～1.9m为宜，正季种植用平墒，反季用高墒（田地里土壤的湿度）。

2.播种育苗

适时播种，可以将种子直接撒播，也可以事先用新高脂膜拌种，用齿耙轻轻地耙一耙表层土壤，让种子进到土壤中去，再在土壤表层喷洒新高脂膜800倍液保护幼苗。注意防止土壤板结。

3. 幼苗

苗床要经常浇水,保持土壤湿度(这有利于出苗)。齐苗后应适时间苗,防止幼苗过密引起的徒长。并要适时喷洒新高脂膜800倍液。

4. 定植

整地时每亩施入腐熟农家肥2 000 ~ 3 000kg、三元复合肥30kg、硼砂1kg、硫酸锌1kg,然后起垄,垄面栽植2行莴笋。春季栽植行距40cm,株距30cm。秋季栽植行距30cm,株距25cm。栽植较迟,适当增加密度。移栽前浇水,防止损伤根系。(如图3-28所示)

5. 水肥管理

春季移栽后,15天左右浇第2次水,秋季在移栽后2 ~ 3天就需要浇水,避免幼苗萎蔫。缓苗以后可以追施稀释的人粪尿或碳酸氢铵,再过10天左右浇第3次水,之后进行蹲苗。莴笋茎秆开始肥大的时候开始追肥,每亩地施入三元复合肥25kg,并保持田间湿润,间隔5 ~ 7天追肥1次。如果缺氮,可以增加氮肥施用量。(如图3-29所示)

图3-28　定植

图3-29　水肥管理

6. 采收

叶球紧实后采收为好,过早影响产量,过迟叶球内基伸长,叶球变松,品质下降。

三、病虫害防治

1. 莴苣褐斑病

危害症状　主要为害叶片。病斑近圆形至不规则形,叶正面呈浅褐色至深褐色病斑,边缘不规则,严重时病斑互相融合,使叶片变褐干枯,如图3-30所示。

防治措施

①农业防治:选择抗病品种。加强田间管理,合理施用氮、磷、钾肥,避免施氮肥过多。雨水季节要做好清沟排水工作,减少病菌滋生。及时摘除病叶、枯叶等。

②药剂防治:发病初期开始喷洒75%百菌清可湿性粉剂1 000倍液,或70%甲甲基托布津可湿性粉剂1 000倍液,或50%异菌脲(扑海因)可湿性粉剂1 500倍液,或10%苯醚甲环唑可分散粒剂2 000倍液等,隔10 ~ 15天1次,连续交替用药防治2 ~ 3次,收获前10天停止用药。

2. 莴苣菌核病

危害症状 莴苣菌核病多发生于基部。苗期发病，短时间即可造成幼苗成片腐烂倒伏。病部初期呈褐色水渍状斑，后呈软腐状，病害处密生白色棉絮状菌丝，茎部或叶片遭破坏腐烂，最后整株腐烂死亡。（如图3-31所示）

图3-30 褐斑病叶片干枯

图3-31 菌核病为害症状

防治措施

①农业防治：选用抗病品种，进行种子消毒。加强田间管理，采用水旱轮作或与其他蔬菜轮作。栽培时还可覆盖能阻隔紫外线的地膜，使菌核不能萌发。合理施用氮、磷、钾肥，增施磷肥和钾肥。收获后和种植前，彻底清除病残体落叶，深埋，消灭菌源。气温高时注意浇水降温。

②药剂防治：发病初期，先清除病株病叶，再选用50%异菌脲可湿性粉剂1 000倍液，或50%腐霉利可湿性粉剂800倍液，或40%菌核净可湿性粉剂1 200倍液，或45%噻菌灵（特克多）悬浮乳剂800倍液喷雾。重点喷洒茎基和基部叶片。隔7～10天1次，防治4～5次。

第四章

茄果类蔬菜

第一节 番 茄

番茄 别名西红柿,管状花目茄科番茄属的一年生或多年生草本植物,如图4-1所示。果实营养丰富,具特殊风味。可以生食、煮食,加工番茄酱、汁或整果罐藏。

图4-1 番茄

一、对生长环境条件的要求

环境条件	温　度	番茄属喜温性作物,生育期适宜温度20~25℃。
	光　照	喜充足阳光,光合作用旺盛,营养物质的含量增加。光照可影响番茄的产量及质量。
	水　分	半耐旱作物,不宜浇水过多。浇水时尽量不要使用灌溉,使用一般的浇水壶即可。
	土　肥	番茄对土壤的要求不高,微酸性至中性土壤。需肥量大,后期需增施磷、钾肥。生长期间缺钙易引发果实生理障害。

二、栽培技术

1. 选地和整地

选择地势平坦,土层深厚,排水和通气良好,富含有机质的中性或微碱性壤土及沙壤土,与茄科植物等不重茬的耕地,实行2~3年轮作。

秋季前茬作物收获后,及时清除地膜、打秆灭茬。施足有机肥及磷酸二铵20kg、尿素10kg、钾肥10kg。秋耕,深耕30cm左右。

做畦(垄):番茄定植畦有高畦、平畦、沟畦和垄畦4种。一般多采用深沟高畦栽培。一般畦宽(连沟)1.3~1.7m,其中沟宽为0.3~0.5m。畦(垄)向,以南北向为好,植株接受光照较为均匀,如图4-2所示。整地要求"墒、平、松、碎、齐、净"。

2. 播种

选用优良杂交品种。播种前用75%百菌清粉剂拌种，用药量为种子重量的0.4%；或用80%喷克拌种；包衣种子，可直接使用。通过处理种子将附着于种子表面的病原菌杀死，防治番茄的病害。

番茄定植于垄面两侧，一个起垄双行（或单行）栽培，一般每亩栽种2 900棵左右，株距控制在35cm左右，如图4-3所示。

图4-2　整地做畦

图4-3　定植

三、田间管理

1. 覆盖地膜

覆盖地膜的主要作用是提升地温，防治杂草，如果冬季在膜下浇水可以降低棚室内湿度。另外，还有一种银灰色地膜还可以在一定程度上预防虫害。

2. 中耕松土、除草

一般在定植或直播出苗后10天进行中耕，每隔10天左右1次。苗期中耕应坚持"早、勤、深、宽、碎、平"的原则，以调节土壤的水、气、热，利于保墒和提高地温，促进根系生长发育。全生育期中耕3～4次，由浅至深，深度15～28cm。株间人工除草2次。

3. 合理灌水

定植水也叫压根水，是番茄定植后浇灌的第一水，所以这次水一定要浇透。另外，在浇灌时不建议使用氮、磷、钾肥料，不然容易造成苗期的旺长，不过这个时候农户可以冲施生根类、腐殖酸类的肥料，可以促进番茄快速发根，达到根系健壮的目的。

4. 科学施肥

在第一穗果膨大时，结合浇水每亩追施磷肥20kg；在第一穗果采收后，亩追施硝酸磷肥20kg作为盛果肥；在盛果期，用20%硝酸磷肥，1%的磷酸二氢钾，0.1%的硫酸锌，0.25%的硼酸混合液，每隔7～10天喷施1次，可明显提高番茄产量和维生素C的含量。

5. 插架与绑蔓

番茄定植后到开花前都要插架绑蔓，如图4-4所示，以防止倒伏。特别是春旱多风地区，定植后要立即插架绑蔓。绑蔓时要把果穗调整到架内，茎叶调整到架外，以避免果实损伤和防治日烧病，并提高植株通风透光，有利于茎叶的生长。

6. 番茄整枝打杈

早熟栽培一般采用单秆整枝法,即每棵保留主干,摘除一切分杈;晚熟越夏栽培可采用连续摘心整枝法,或换头再生整枝法。结合整枝进行疏花疏果,摘除老叶、病叶。

7. 采收

番茄成熟分绿熟、变色、成熟、完熟四个时期。在完熟期就要尽快将番茄全部采收,如图4-5所示,以免长时间挂在枝头,导致番茄腐烂破损,招来病菌虫害。采收时轻拿轻放,不要把果蒂摘掉,以免影响保存运输。

图4-4　插架绑蔓

图4-5　采收期番茄

四、病虫害防治

1. 青枯病

危害症状　顶端叶片先萎蔫下垂,然后下部凋萎,如图4-6所示。刚发病的植株白天萎蔫,傍晚复原,病叶颜色变浅,几日后整株枯死。茎中下部增生不定根,湿度比较大时横切病茎,用手挤压,切面上维管束会溢出白色的菌液。

图4-6　青枯病

防治方法　选择抗病的品种,加强肥水管理。发现零星病株时,及时拔除,向穴内灌注2%福尔马林液或20%石灰水,也可用农用链霉素100～200ppm灌根或喷雾。

2. 晚疫病

危害症状　该病害发病条件为白天气温24℃以下,夜间10℃以上,整个生长周期内,番茄的晚疫病比早疫病发作早。主要危害叶、茎和果实。叶片染病时多从叶尖、叶缘开始,刚开始为暗绿色水渍状不规则病斑,后转为褐色,如图4-7所示。

图4-7 晚疫病

防治方法 加强田间管理,提高植株的抗逆性,晴天时浇水,改善田间通风和光照条件。发病初期,可以使用72%霜霉疫病净润湿粉稀释800倍,每7~10天喷洒1次,防治效果比较好。

3. 棉铃虫

危害症状 棉铃虫幼虫咬食叶片、嫩芽和嫩茎。将叶片吃成小孔或者缺口,严重时吃光叶肉仅留叶脉,如图4-8所示。虫子钻进果实,引起病害,造成果实腐烂,降低果实品质,甚至减产。

防治方法 3龄以上的棉铃虫对药剂有较强的抗药性,因此喷洒药剂的适宜时期为3龄之前以及未钻进果实的时候,可用21%灭杀毙乳1 500~3 000倍液,或者50%马拉硫磷乳剂800倍液等药剂喷洒。

4. 蚜虫

危害症状 该病虫用针状的口器插入植株的组织,吸食植株的汁液,如图4-9所示。被害植株叶子变黄,叶面皱缩下卷,植株生长受到影响而萎蔫,甚至死亡。

防治方法 可以使用2 000~3 000倍液的50%抗蚜威,或者50%辟蚜雾可湿性粉剂,或者40%乐果1 000~2 000倍液等药剂喷洒。

图4-8 棉铃虫

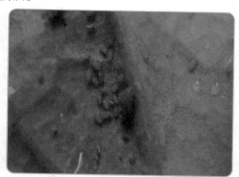

图4-9 蚜虫

第二节　辣　椒

　　辣椒　俗称番椒、大椒、辣子，茄科，一年生草本，在热带为多年生灌木，如图4-10所示。辣椒果内一般含有辣椒素，这种物质在椒果心皮隔膜（俗"称筋"）中含量最高。有的品种含辣椒素多，所以辛辣，称为辣椒；有的品种含辣椒素少而淀粉较多，所以辣味淡而略甜，所以称为甜椒。辣椒是各种菜品中使用最多的蔬菜或调味品。

图4-10　辣椒

一、辣椒的分类

　　按收获产品分为菜椒品种和椒干品种。

　　按辛辣程度分为辣椒和甜椒。

　　按分枝习性分为无限生长类型、有限生长类型和部分有限生长类型。

　　按果实形状分为灯笼形、圆锥形、长果形、扁果形、樱桃果等。

　　按果实颜色分为青椒和彩椒。

二、对生长环境条件的要求

环境条件

温　度	辣椒喜温怕冻，生长适宜温度15~34℃。种子发芽适宜温度30~35℃；苗期要求温度较高，白天25~30℃，夜晚15~18℃。
光　照	辣椒是短日照植物，对光不是太敏感。
水　分	辣椒对水分要求严格，不耐旱也不耐涝。喜欢比较干爽的空气条件，浇水或排水的条件要方便。
土　壤	中性和微酸性土壤都可以种植，选择土层深厚肥沃，富含有机质和透气性良好的沙性土或两性土壤。
肥　料	前期要求钾肥、磷肥促进根系生长；后期开花需要硼肥，结果需要大量磷肥。最好施用农家肥。

三、栽培技术

1. 种子处理

温汤浸种	把晒好的种子放在 55～60℃温水中泡 15 分钟，拌搅，水温降至 25℃时，捞出洗干净，再放入 25～30℃温水中浸泡 20～24 小时。
药剂消毒	晒好的种子用福尔马林 50～100 倍液浸泡 20～30 分钟，再用 1% 高锰酸钾溶液浸种 20 分钟，然后清洗去掉种子表面上的药剂残留。
催芽播种	把处理好的种子包在湿布里，放在 30～35℃的地方，每 48 小时翻动 1 次，每天补温水，种子露芽时播种。
育苗播种	做好苗床后要灌足底水，再喷用绿亨一号 3 000 倍液消毒。撒细土覆盖，最后盖小棚保湿增温。

2. 整地施肥

在入冬前把 3 000～4 000kg 腐熟的农家肥撒在田里，深翻冬灌，早春翻地前施 25～30kg 二铵或 50kg 三元复合肥。

地准备好以后，开沟起垄，如图 4-11 所示。垄宽 45～50cm，沟顶宽 50～55cm，沟深 30～35cm（如图 4-12 所示），垄上铺窄膜。地块太大，灌水不方便，所以应在大地块中间打埝子分成小块地。

图 4-11 开沟起垄

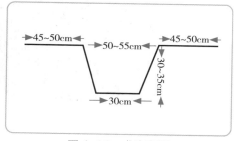

图 4-12 垄沟宽深

3. 播种时间、播种株行距和播种量

窄行的行距 35～40cm，宽行的 60～65cm，株距 25～30cm（平均行距 50cm，株距 25～30cm），每亩播种 150～200g。

4. 中耕除草

出苗后每 7～10 天中耕 1 次，提高土壤温度，保持土壤湿度，同时达到除草目的。

5. 追肥

根据辣椒苗的长势情况，苗期、初花期每亩施氮肥 5～10kg，加磷肥 10kg，追 2 次肥；结果期每亩用硝基磷酸铵 20～25kg，追 2 次肥。

6. 灌水

辣椒全生长期灌5～7次水,灌水时选晴天早、晚灌水,灌水量不要超过垄高的2/3。

7. 采收

辣椒可连续结果多次,青果、老果均能食用,故采收时期不严格,一般在花凋谢20～25天后可采收青果。为了提高产量,有利于上层多结果及果实膨大,应及时采收。第1、2层果宜早采收,以免坠秧,影响上层果实的发育和产量盛期的形成。其他各层果宜充分"转色"后才采收,即果皮由皱转平、色泽由浅转深并光滑发亮时采收。采收盛期一般每隔3～5天采收1次。以红果作为鲜菜食用的,宜在果实八九成红熟后采收。干制辣椒要待果实完全红熟后才采收。采收宜在晴天早上进行。中午水分蒸发多,果柄不易脱落,采收时易伤及植株,且因失水过多果面容易皱缩。下雨天也不宜采收,采摘后伤口不易愈合,病菌易从伤口侵入发病。

四、病虫害防治

1. 辣椒猝倒病

危害症状　幼苗子叶期或真叶尚未展开之前常受到侵染,如图4-13所示。幼苗出土后,在茎基部近地面处出现水渍状病斑,逐渐变黄、缢缩、凹陷,叶子未凋萎即猝倒,用手轻提幼苗极易从病斑处脱落。潮湿时病部可见白色棉毛状霉层。

图4-13　猝倒病

防治方法

①农业防治:选用抗病的品种,采用营养钵、营养盘、无土基质育苗,育苗床和生产温室分开。子叶期要及时分苗,适当通风放风,控制幼苗徒长。

②药剂防治:及时做好病害的预防。可使用甲霜灵、咯菌腈、咯菌·精甲霜等拌种,用恶霉灵、甲霜灵、多菌灵等处理苗床。苗床发现病株,应及时拔除,并选用下列药剂防治:72.2%霜霉威盐酸盐水剂400倍液,或3%甲霜·噁霉灵水剂800倍液。

2. 辣椒白绢病

危害症状　主要为害茎基部和根部。初期出现水浸状褐色斑,后扩展绕茎一周,生出白色绢状菌丝体,集结成束向茎上呈辐射状延伸,顶端整齐,病、健部分界明显,病部以上叶片迅速萎蔫、变黄,最后根茎部褐腐,全株枯死。后期在根茎部先生出白色,

后茶褐色菜籽状小菌核,高湿时病根部产生稀疏白色菌丝体。(如图4-14所示)

图4-14 白绢病

防治方法

①农业防治:与非茄科蔬菜实行3~4年轮作;南方酸性土壤可施石灰100~150kg,结合深耕,翻入土中;定植前暴晒田地;施用充分腐熟的有机肥;高垄种植,雨后注意排水;定植时把混合好的木霉菌(木霉菌:草木灰:有机质=1:10:40)撒在植株茎基部四周,同时覆盖稻草以保证木霉菌生长所需要的湿度。

②药剂防治:发病初期用25%丙环唑微乳剂3 000倍液,或50%异菌脲悬浮剂1 000倍液喷雾或灌根防治,视病情隔10~15天1次。

3. 辣椒畸形果

危害症状 主要表现为果实生长不正常,果实呈不规则形。有的甜椒果实从脐部开裂,各自不规则向外扩大产生无胎座多瓣异形开花果或裂瓣果。畸形果是一种生理病害,越冬种植的甜椒、彩色甜椒冬季和春季畸形果较多。(如图4-15、如图4-16所示)

图4-15 辣椒双身果

图4-16 辣椒弯曲果

防治方法

目前对防止辣(甜)椒畸形果没有好办法,但做好预防,可明显减少畸形果的出现。

根据当地气候条件及保护地设施的保温性能,选择适宜的种植茬口,培育适龄壮苗。采取措施,促进根系发育。在施足基肥的基础上,进入开花结果期适时追肥浇水,酌情喷施磷酸二氢钾叶面肥。在保护地的辣椒开花结果期,采取适宜措施,维持所需的气温和地温、光照及空气湿度,协调好坐果与茎叶生长之间的关系,采取措施减少落果,以防植株营养生长过旺。

第三节 茄 子

茄子 茄科茄属植物,是茄科的直立分枝草本植物,植株较为高大。茄子含有丰富的营养物质,有降血脂、抗衰老等功效。北方地区多为一年种一茬,华南无霜区,一年四季均可露地栽培。(如图4-17所示)

图4-17 茄子

一、茄子种类

圆茄 植株高大,果实大,为圆球形、扁球形或椭圆球形,我国北方栽培较多。皮黑紫色,有光泽,果柄深紫色,果肉浅绿白色,肉质致密而细嫩。(如图4-18所示)

长茄 植株长势中等,果实细长棒状,我国南方普遍栽培。果为细长条形或略弯曲,皮较薄,深紫色或黑紫色,果肉浅绿白色,含籽少,肉质细嫩松软,品质好。(如图4-19所示)

矮茄 植株较矮,果实小,卵形或长卵形。皮黑紫色,有光泽,果柄深紫色,果肉浅绿白色,含籽较多,肉质略松。(如图4-20所示)

绿色茄子 丰满圆润,略带淡绿色。味道比较甜,微苦。(如图4-21所示)

图4-18 圆茄　　图4-19 长茄　　图4-20 矮茄　　图4-21 绿色茄子

二、对生长环境条件的要求

环境条件

温 度	夏季作物，喜温不耐寒冷，耐热性较强。发芽期适温25～30℃，幼苗期生长适温22～30℃，开花结果期适温20～30℃。（如图4-22所示）
光 照	光照需求较大，充足的光照有利于提高植株内干物质的积累，促进植株生长，增强果实的品质。
水 分	植株比较繁密，枝叶较多，需水量大。通常土壤最大持水量以70%～80%为宜，湿度要保持在75%。
土 肥	土质肥沃、松软厚实、排灌正常且保水保肥性强。适宜中性至微碱性土壤，生长需要较多的氮肥。

发芽期30℃左右　幼苗生长期22～30℃　开花结果期20～30℃

图4-22　茄子各生长阶段适宜温度

三、栽培技术

1. 种子处理

播种前先浸种，再变温处理，如在30℃条件下处理16小时，再在20℃条件下处理8小时，然后将种子放在25～30℃条件下催芽，保持种子湿润。当有80%以上种子发芽后即可以播种种植，播种后先盖一层地膜再扣上拱棚，以便保温。出苗前可以不用浇水，保持土壤湿润即可。茄子1叶1心期开始间苗、定苗。

2. 定植管理

（1）定植前的准备

土壤处理　定植前35天左右对棚内土壤消毒处理（可用药剂熏蒸或高温闷棚）。

施足底肥　每亩用纯鸡粪10 000kg或稻壳鸡粪20～25m³（也可使用牛粪或猪粪等约20m³），优质复合肥75kg、硫酸钾50kg、钙镁磷肥150kg、微量元素适量。

整地　将有机肥施入后深翻2次以上，深度30cm，整平，并上好前后风口防虫网。

（2）起垄定植

①起垄前划定植沟，深度10～12cm，沟内施入优质复合肥20～25kg、生物菌有机肥600kg，与土壤拌匀后起垄，垄高25～30cm，株距50cm，行距60～70cm。（如图4-23所示）

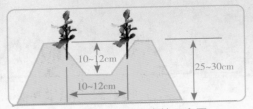

10~12cm

10~12cm

25~30cm

图4-23　茄子起垄定植示意图

②穴施生物菌肥（枯草芽孢杆菌、侧孢芽孢杆菌、酵素菌）每亩40kg。

③选择阴雨天气或者上午定植，带土移栽成活率相对高一些。定植不宜过深，浇足定植水，如图4-24所示。

图4-24　定植

（3）定植的管理

①缓苗前的管理：定植后7～10天，要注意温度保持在30℃以上，水分80%以上，中耕松土2次以上促进缓苗。

②缓苗后的管理：缓苗水浇完后蹲苗。方法是：多中耕、少浇水，至少中耕2～3次。蹲苗时应注意不可过度，底肥要足，中期可视墒情浇小水。中耕时应遵循近根浅远根深的原则，第1次要浅，从第2次开始要深、细，促进根系生长，培育壮株，为丰产打下基础。

3. 施肥管理

定植缓苗后，结合浇水，适当追施稀粪或化肥，促进茄苗迅速生长。当第一批果实长到核桃大小时，开始多施肥料，主要是氮肥，以满足果实不断生长的需要。结果盛期，是需水最多的时期，为确保高产，水、肥要及时跟上。如加用尿素，每亩施10～15kg，约2周施1次，连施2～3次。

4. 水分管理

在定植后，茄子进入大田生长阶段。此时茄子的叶片较大，结果多，根系发达，对水的需求量大，天旱时要及时灌溉。但多雨季节注意及时排水，如果畦内长期存水，会使茄子烂根，大片死亡。

5. 吊蔓整枝

茄子需要适时整枝，一般一株只需要保留3个健壮的杈，多余的枝杈一定要及时摘除，杈的长度不要超过8cm，如图4-25所示。在茄子植株长到半米高时，必须及时吊蔓，如图4-26所示。如果吊蔓时间过晚，容易导致植株弯曲生长，进而影响叶片光合作用，降低茄子的产量。

图4-25 整枝

图4-26 吊蔓

四、病虫害防治

1. 茄子猝倒病

危害症状 这种病多发生在早春育苗床或育苗盘上，遇连续阴雨天气，光照不足，在1~2片真叶以前最容易受害。病苗近地面的茎基部呈水浸状病斑，以后变黄缢缩，凹陷成线状，随即折倒在地，其叶片仍为鲜绿色。此病初期在苗床上多零星发生，随后迅速向周围扩展，使茄苗成片猝倒。环境潮湿时，在病苗及附近土面长出一层明显的白色绵状菌丝。在诊断时，重点看幼苗茎基部。（如图4-27、图4-28所示）

图4-27 茄子苗病斑处变黄缢缩

图4-28 茄子猝倒病苗期症状

防治方法

①农业防治：根据当地土壤环境要求选用抗猝倒病品种，种子用53%精甲霜·锰锌水分散粒剂500倍液浸泡半小时。苗床应选择地势高燥、避风向阳、排水良好、土质疏松而肥沃的无病菌地块，施用腐熟的农家肥，播种前苗床要充分翻晒。

②药剂防治：苗床要严格消毒，可每平方米用50%多菌灵可湿性粉剂8~10g，与15kg细土混合后下铺上盖播种。苗期喷施0.1%~0.2%磷酸二氢钾、0.05%~0.1%氯化钙等提高茄苗抗病力。出苗后喷施75%百菌清可湿性粉剂600倍液，或用64%杀毒矾

可湿性粉剂1 500倍液,每隔7～10天喷1次,共喷2～3次。

2. 茄子绵疫病

危害症状　茄子绵疫病,是茄子生产中普遍发生的病害,是茄子烂果的主要原因。叶部受害产生不规则圆形水浸状褐色病斑,有明显轮纹,潮湿时病斑上长白霉。果实受害初期出现水浸状圆形病斑,稍凹陷,黑褐色,后逐渐扩大,为害整个果实。潮湿时病斑上长出白色棉絮状物,果肉变为褐黑色、腐烂,果易脱落或干瘪收缩成僵果。(如图4-29至图4-32所示)

图4-29　叶片褐色病斑

图4-30　果实水浸状病斑

图4-31　果上白色棉絮状物

图4-32　茎部症状

防治方法

①农业防治:选择抗病品种,如兴城紫圆茄、贵州冬茄、通选1号、济南早小长茄、竹丝茄、辽茄3号、丰研11号、青选4号、老来黑等。合理种植,精心选地,采用种子消毒、穴盘育苗,一般实行3年以上的轮作倒茬,忌与西红柿、辣椒等茄科、葫芦科作物连作。

②生态防治:规范种植管理,实行高垄或半高垄栽植;施足优质腐熟的有机肥,增施磷、钾肥;地膜覆盖;苗期不浇水,结果期加强肥水管理;摘除病果病叶,提高植株抗病能力;棚栽茄子温度,白天控制在25～30℃,夜间15～20℃,加强通风排湿。

③药剂防治:发病初期及时喷药保护,可选用25%甲霜灵可湿性粉剂800～1 000倍液,或58%甲霜灵锰锌可湿性粉剂500倍液,或40%三乙膦酸铝(乙膦铝)可湿性粉剂300倍液,或77%氢氧化铜(可杀得)可湿性微粒粉剂500倍液,每7～10天喷1次,连续喷药2～3次。

第五章

葱蒜类蔬菜

第一节　韭　菜

韭菜　属于百合科多年生宿根蔬菜（如图5-1所示），适应性强，抗寒耐热，我国各地都有栽培。南方不少地区可常年生产；北方冬季地上部分枯死，地下部分休眠，春天表土解冻后萌发生长。

图5-1　韭菜

一、对生长环境条件的要求

环境条件	温度	韭菜耐寒而适应性广。发芽适温15～18℃，幼苗生长温度在12℃以上；生长适温12～24℃；超过24℃以上时，生长缓慢，品质下降。
	光照	中等光照强度，耐阴性强。光照过弱，产量低，易早衰；光照过强，温度过高，纤维多，品质差。
	水分	韭菜生长要求较低的空气相对湿度（60%～70%）和较高的土壤相对湿度（80%～95%），若湿度过高，必须注意调节。
	土肥	韭菜对土壤适应性很强，以土层深厚、疏松肥沃、富含有机质的土壤为宜。韭菜喜肥，以氮肥为主，注意配合磷、钾肥。

二、栽培技术

1. 整地施肥

育苗地应便于排灌，近1～2年未种过葱蒜类蔬菜的沙壤土或黏壤土地，冬前深耕，浇冻水，翌春顶凌耙耕以保墒。每亩施腐熟农家肥4～5m³。为防韭蛆，每亩可用5%辛硫磷颗粒剂2kg，加干细土10～15kg，均匀撒施，浅耕后细耙，整平做畦，畦宽1.2～1.5m，长7～10m，便于管理。

2. 播种育苗

播种期　春秋两季均可播种，以春播栽培效果佳。春播时间3—4月份，6—7月份定植；秋播时间10—11月份，翌年3—4月份定植。春播在地温稳定在10～12℃时进行。

种子处理 播种前晒种,然后浸种24小时,沥干用湿布包好催芽。

播种量 育苗的适宜密度为1 600株/m²,用种约10g/m²,每亩约需种子5kg。

播种方法 播前浇足底水,水渗后先薄撒一层细土,播后覆1.5cm厚细土,第二天再覆1cm厚细土,然后镇压1次,有利出苗整齐。

苗期管理 出苗后,保持土壤湿润。当苗高4~6cm时,及时浇水;当苗高10cm时,每亩随水冲施尿素10kg;苗高15~20cm时,再每亩冲施尿素10kg,蹲苗。同时还应注意病虫草害的防治。(如图5-2所示)

图5-2 幼苗期

3. 定植

定植期 当株高20~25cm或发现幼苗拥挤时,需及时定植。一般在出苗后50~60天即可定植。

整地施肥做畦 前茬收后,每亩施充分腐熟优质农家肥2 000~2 500kg,深耕25~30cm,耙细,理成宽1.2~1.5m、长7~10m的高畦。

合理密植 按50cm的行距开沟,丛距17~20cm,每丛4~5苗条栽,如图5-3所示。

定植方法 苗床浇透水,对于过长的根,应将先端剪去。为提高存活率,将叶片先端剪去一段,定植深度以叶鞘埋入土中3~4cm为宜。

图5-3 合理密植

4. 田间管理

夏季不旱不浇,排除积水。立秋后,加强肥水管理,保持土壤见干见湿。进入10月份应减少灌水,土壤封冻前浇足封冻水,同时结合浇水灌施敌百虫杀虫剂,以减少第二年韭蛆危害。当韭菜长至10cm左右,用沙和土撒盖,如图5-4所示;苗高15～20cm,再撒沙和土,也可在韭菜未出苗先撒土,每次撒土厚度3～5cm。

温度低应覆盖薄膜或不织布,使白天温度保持在20～25℃,每次浇水后温度可高一些,夜间为18～20℃,如图5-5所示。过20～30天割第1刀,留茬2～3cm,割后搂出枯叶和沙土。伤口愈合后,苗长到一定高度再培沙和土,隔20～22天割第2刀。

图5-4　撒沙和土

图5-5　保温

5. 采收

春季叶片生长旺盛时期和秋季叶片再次旺盛生长时期采收。夏季多不收割。每年以采收4～5次为宜,不宜次数过多。收获时间以晴天早晨为宜,茬高要适度,收割后及时中耕,搂平畦面。采收后及时培土,因韭菜有跳根现象,故培土以保护其根部。

三、防治病虫害

1. 灰霉病

危害症状　灰霉病发病初期叶片上产生白色或灰褐色斑点,如图5-6所示,后扩大呈菱形或椭圆形病斑,互相融合后成大片枯死斑使叶片枯死,如图5-7所示。潮湿时枯叶表面密生灰色至灰褐色霉状物。病菌主要以菌核在土壤中的病残体上越冬,借气流传播。韭菜灰霉病全年为害。

图5-6　叶片病斑

图5-7　叶片枯死

防治方法

①用78%科博(波尔·锰锌)600倍液,效果好。

②增施有机肥,适当收割,雨后要及时排水,降低田间湿度。

③及时去除老叶、病苗。

2. 疫病

危害症状 韭菜疫病为害根、茎叶，尤以假茎鳞茎受害最重，如图5-8、图5-9所示。叶受害处为初现水浸状暗绿色病斑，后叶片变黄软腐，茎、根部受害呈褐色软腐，潮湿时病部产生稀疏白色霉状物。病菌在土壤中的病残体上越冬（温室韭菜可常年发生），为高温高湿性危害，适温25～32℃，危害高峰期在8月份左右。

图5-8 韭菜疫病假茎带白霉　　　　　图5-9 韭菜疫病叶鞘干枯脱落

防治方法 发病初期，阴天时，可喷施50%灰核威1 000倍液，或40%菌核净2 000倍液防治，在每茬韭菜收割后都要均匀地喷洒药物。选择药剂时，应注意选用高效、低毒、低残留的新型杀菌剂，并要轮换交替施用。

3. 韭蛆

危害症状 韭菜的主要害虫是韭蛆，如图5-10所示。一般可造成10%～15%的减产，虫害严重流行时，减产率高达50%～70%，严重威胁着生产效益。韭蛆以幼虫聚集在地下部啃食韭菜鳞茎和幼苗茎部为生。春、秋两季，为害幼茎，引起腐烂。上部韭叶枯黄，逐渐枯萎死亡，导致缺苗断垄，如图5-11所示。严重时会造成韭菜成片枯萎死亡。夏季，幼虫蛀入鳞茎，鳞茎腐烂，整墩死亡，严重影响韭菜的产量和品质，导致生产效益下降，给农户造成经济损失。

图5-10 韭蛆　　　　　　　　　图5-11 韭蛆为害

防治方法 成虫：韭蛆每年发生5～6代，春、秋季发生最为严重。成虫羽化期一般在4月、9月。应选择天气晴朗的上午9～10点，每亩喷洒2.5%溴氰菊酯乳油2 000倍液。幼虫：药剂灌根，每亩用2%甲基阿维菌素乳油500毫升稀释成1 000倍液浇灌防治。

第二节　大　蒜

大蒜　别名胡蒜、蒜,如图5-12所示,属百合科葱属一或二年生草本植物,并具有一种特殊的气味,我国南北方各地普遍栽培。主要以肥大的肉质鳞茎和鲜嫩的花茎器官为产品。其肉质鳞茎营养丰富,含有较多的蛋白质、碳水化合物和维生素,是营养价值很高的一种蔬菜。

图5-12　大蒜

一、对生长环境条件的要求

环境条件

温　度　喜冷凉,适宜温度在-5～26℃。大蒜苗4～5叶期耐寒能力最强,是最适宜的越冬苗龄。

光　照　完成春花的大蒜,在长日照及较高温度条件下开始花芽和鳞芽的分化,在短日照冷凉的环境下,只适合茎叶生长。

水　分　喜湿怕旱。叶面积小,表面有蜡质,耐寒性好。由于根系小,根毛少,吸收能力弱,所以要求土壤保持一定的湿度。

土　壤　要求富含有机质、疏松透气、保水排水性能强的肥沃壤土。

二、种植准备

种植大蒜的地块在前茬作物收获后立即耕翻晒垡,在播种前要整地做畦。基肥应在耕翻之前施入。大蒜因生长期长,群体密度高,需肥量大,一般每亩施优质有机肥如粪尿肥、厩肥等5 000～8 000kg,并配合20～30kg磷、钾肥施用。有机肥料要充分腐熟,若使用生肥,发酵时会烧伤蒜根,还会引发地下虫害,尤其是地蛆严重发生。

1.整地

耕翻深度一般在20cm左右,要细耕、耙平、耙实,没有明显坷垃,做到"齐、松、碎、净"。根据水源情况确定畦的长短,可打长80～100m,宽4.2～4.4m的畦;也可打长40～50m,宽4.2～4.4m的畦。

2. 选种

人工扒皮掰瓣，去掉大蒜的托盘和茎盘，蒜瓣按大、中、小分级，小蒜瓣根据具体情况处理。选种要求是纯白无红筋、无伤痕、无糖化、无光皮。原则上要求每粒重量在5g左右，如图5-13所示。种子大小是获得高产的关键。

3. 适时播种

大蒜播种要适时。在白露末秋分初，气温在17℃左右播种。播种前要晒蒜瓣1~2天。

4. 合理密植

一般行距20cm，株距16~17cm，2万/亩株左右，如图5-14所示。用耙或开沟器开沟，沟深5cm左右，栽后蒜上方盖1cm左右厚的土，栽种时要浇水。

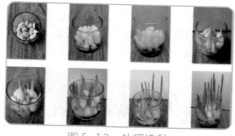

图5-13　处理选种

图5-14　合理密植

三、田间管理

1. 灌溉

①覆膜水：大蒜播种后需及时浇水，浇足浇透，一株不漏，浇水100 m³/亩。此次水既能满足大蒜种植的需要，又为覆盖地膜提供方便。

②壮苗水：一般在4月上旬或地温在15℃以上时浇水。

③出薹水：蒜薹刚一出尖就浇此水。

④膨大水：拔完蒜薹就浇此水。

2. 地膜覆盖

覆盖地膜是大蒜增产的关键，能提高地温，使有机质分解快，水分蒸发量减少，满足大蒜对环境的要求。在浇完覆膜水后，地会稍微下陷，用覆膜机或人工方法覆膜。无论哪种方法都要将地膜拉紧，两边压牢，以防刮大风时将地膜揭起。

3. 放苗

蒜芽刚破土，及时把地膜捅破，使苗露出膜外，一般利用早晨或傍晚，气温低、地膜弹性小时用新扫帚轻拍地膜或用竹耙子轻搂地膜。

4. 人工灭草

大蒜生长期内，因有地膜覆盖，人工灭草方法是用粗铁条或8mm钢筋折成"7"字形小钩，将地膜钩破，再用小铲除掉小草。

5. 拔蒜薹

当蒜薹上部的弯由下开始向上弯卷时是拔蒜薹的最佳时期。方法是每天中午11时至下午3时用手轻提拔薹。

6. 施肥

施肥的原则是以有机肥为主,如图5-15所示,配施少量的化肥。以底肥为主,追肥为辅。

①底肥:9月下旬,每亩施优质农家肥(充分腐熟的厩肥、堆肥、饼肥)5 000kg、尿素20kg、硫酸钾10kg。要求撒施均匀,然后深翻耕地。

②追肥:次年的4月上旬,结合浇壮苗水,每亩冲施速效肥尿素10kg;4月中旬,每亩用0.5kg磷酸二氢钾(溶于50kg水中)喷施。

7. 采收

采收青蒜没有严格的采收期要求,采收蒜薹的,以蒜薹抽出叶鞘并开始甩弯时,即可采收。最好在晴天中午或下午进行。(如图5-16所示)

图5-15　浇水施肥　　　　　　　　图5-16　采收

四、病虫害防治

1. 大蒜白腐病

危害症状　大蒜白腐病主要为害叶片、叶鞘和鳞茎。初染病时外叶叶尖呈条状变黄或叶尖向下变黄,后扩展到叶鞘及内叶,植株生长衰弱,整株变黄矮化或枯死,病部变白、腐烂,茎基变软,鳞茎变黑、腐烂。田间成团枯死,形成一个病窝。(如图5-17所示)

防治方法

①农业防治:与非百合科蔬菜轮作2年以上。采用地膜覆盖栽培方式,发现病株及时挖除,应在形成菌核前挖除。

②药剂防治:于发病初期喷洒50%乙烯菌核利水分散颗粒剂1 000倍液,或40%嘧霉胺悬浮剂1 000倍液,隔10天左右1次,防治1次或2次。采收前3天停止用药。用75%的蒜叶青可湿性粉剂1 500倍液,隔10天左右叶面喷雾1次,防治效果显著。

2. 大蒜枯叶病

危害症状　大蒜枯叶病常大面积发生,造成大片的蒜叶枯死,轻者蒜薹细小,质量低劣；重者抽不出薹或蒜薹腐烂，影响产量。

大蒜枯叶病主要为害叶片，严重时也为害蒜薹。叶片受害多始于叶尖，初呈花白色小圆点，发展后，呈不规则形或椭圆形灰白色或灰褐色病斑，向下发展，致病叶上半部枯死。（如图5-18所示）

图5-17　大蒜白腐病基部腐烂症状

图5-18　大蒜枯叶病叶片症状

防治方法

①农业防治：播前药剂拌种。将蒜头剥开，用蒜头重量的0.3%的3%苯醚甲环唑种衣剂拌种。合理施肥，合理密植，及时开沟排水，降低温度，增强植株抗病力。对病残株要及时清理，烧毁或深埋，减少菌源。

②药剂防治：发病初期可选用75%百菌清（多清）可湿性粉剂500倍液，或50%多菌灵（银多）可湿性粉剂1 000～1 500倍液，或20%叶枯唑可湿性粉剂500～700倍液，或12%绿乳铜乳油600倍液喷雾，视病情隔7～10天1次，连续防治2～3次。

第三节　大　葱

大葱　为百合科葱属二年生草本植物。是一种必不可少的配菜，做菜的时候放一点葱可以增加菜的香味，如图5-19至图5-21所示。在我国各地都有种植，但因管理的问题产量却不尽如人意。

图5-19　长葱白型

图5-20　短葱白型

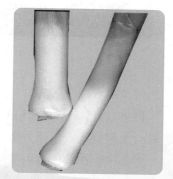

图5-21　鸡腿型

一、对生长环境条件的要求

环境条件

温 度 起源于半寒地带，在冷暖交替的气候下，产量高，品质好。发芽适温在20℃左右，叶片生长适温在20℃左右，葱白在15℃左右，有利于大葱的生长及提高产量。

光 照 对光照强度要求不高，光照强度及时间适中即可。生长不适应强光，强光会导致过早老化降低质量。

水 分 具有抗旱性，有"旱不死的葱"的说法。吸水能力差，种植过程需保证环境湿润状态，才能生长健壮，葱白粗大，产量高。

土 壤 对土壤要求不高，选用土壤疏松、土层深厚、土质肥沃、排水良好及富含有机质的土壤。

二、种植准备

1. 整地施肥

选地不要与大蒜、韭菜、洋葱等伞形科蔬菜重茬，可以与甘蓝、冬瓜、西瓜、白菜套种或者重茬，选用有机质含量丰富、土壤深厚、地势干燥有利于排水的土壤为宜，如图5-22所示。这样的地块上长出的大葱，口感辛辣，风味十足，产量高。

2. 播种育苗

播种 多采用平播的方法播种。平播就是将地表5cm以上的细土起出，将地整平，然后浇足底水待水渗入地下后在地面上人工撒种子。播种量是每亩1 300g，苗可以供10亩地种植，用精细土覆盖种子。在播种的第2天，先用铁锨轻拍覆土后，每亩用48%氟乐灵乳油80～110毫升对水30～50kg畦面喷雾。

苗期管理 把过于密集的小苗拔除，留苗间距在2～3cm。苗期一般不追肥，要控制好浇水量，移栽前几天再浇1次水。（如图5-23所示）

土层深厚
有机质含量在29%以上，全氮含量在0.08%以上，全磷含量在0.07%以上，土壤pH值在7.5～8.2呈微碱性的土壤种植最好。

基肥
有机肥3000～4000kg/亩

图5-22 选地

播种量:1 300克/亩，可以供10亩地种植

覆精细土0.5～1cm
用喷雾器向苗床喷小水
间苗: 苗间距2～3cm
移栽前几天再浇一次水

图5-23 苗田管理

三、田间管理

1. 定植

耙平后开沟栽植。栽植沟宜南北向，使受光均匀，并可减轻秋冬季节的北向强风造成的大葱倒伏。定植方法有水插定植、旱摆定植两种，定植株距在4～6cm。

水插法 在栽植沟内灌满水，随水插苗，如图5-24所示。优点是插苗速度快，秧苗直立，返青快。

旱摆法 在栽植沟内摆放葱苗，边摆边覆土，边踩实，栽完后浇水，如图5-25所示。

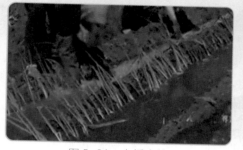

图5-24 水插定植

图5-25 旱摆定植

2. 培土施肥

大葱生长过程中需要进行3次左右的培土。（如图5-26所示）

第1次培土：大葱长到30cm左右时，葱白已基本形成。培土厚度控制在5cm左右。每亩可施入10～15kg的复合肥，就可以使大葱的根部下扎，满足生长前期的需要。

第2次培土：大葱长到40～50cm时。培土厚度控制在10cm左右。追肥以氮、钾肥为主，促进假茎和叶片的生长。

第3次培土：收获前的20天左右。培土厚度控制在10厘米左右。提高葱白的品质和口感，每亩可施入25kg的硝酸钙。

3. 水分管理

大葱叶片耐旱，根系喜湿，生长期间要求较高的土壤湿度和较低的空气湿度，如图5-27所示。大葱的各个生育阶段对水分的需求存在差异。根据其不同生育期的需水规律和气候特点进行水分管理，是获得大葱高产的重要措施。一般而言，发芽期保持土壤湿润，以利萌芽出土；幼苗生长前期为防止徒长或幼苗过大，应适当控制水分，保持土壤见干见湿；越冬前浇足封冻水，防止苗床缺水，冻干，死苗。

图5-26 培土追肥

图5-27 适时浇水

4. 采收

鲜葱 随时收获上市。

越冬干储大葱 要在晚霜以后及时收获。收获时切忌损伤假茎，收获后要适当晾晒。储存要宁冷勿热，温度为1～3℃。

四、病虫害防治

1. 大葱紫斑病

危害症状　大葱紫斑病,又称黑斑病,严重影响大葱产量与品质。大葱紫斑病主要为害叶和花梗,初期为水渍状白色小点,后变淡褐色网形或纺锤形稍凹陷斑,继续扩大呈褐色或暗紫色,周围常具黄色晕圈,病部长出深褐色或黑灰色具同心轮纹状排列的霉状物,病部继续扩大,致全叶变黄枯死或折断。(如图5-28所示)

防治方法

①农业防治:选用无菌种苗或是种子进行消毒处理再定植或播种,也可用40%甲醛300倍液浸种3小时杀菌,浸后及时洗净。加强田间管理,排水、除草,及时清除病株,在田外深埋处理;与韭菜、大蒜等作物轮作栽培,施足基肥,增施磷钾肥以增强植株抗病能力。

②药剂防治:发病初期喷洒75%百菌清(多清),或64%杀毒矾或40%大富丹可湿性粉剂,或58%甲霜灵锰锌可湿性粉剂500倍液,或用50%扑海因可湿性粉剂15 000倍液,隔7~10天喷1次,连续防治3~4次。

2. 大葱锈病

危害症状　大葱锈病主要为害叶、花梗及绿色茎部。发病初期表皮上产生椭圆形稍隆起的橙黄色疱斑,后表皮破裂向外翻,散出橙黄色粉末,即病菌夏孢子堆和夏孢子。秋疱斑变为黑褐色,破裂时散出暗褐色粉末,即冬孢子堆和冬孢子。在田内出现"发病中心",成点片状分布。(如图5-29所示)

图5-28　大葱紫斑病发病期症状　　　　　图5-29　大葱锈病后期症状

防治方法

①农业防治:施用腐熟的有机肥做底肥,增施磷、钾肥,促植株健壮,提高抗病力。发病重的田块,提前收获,并避免在发病重的田块附近栽葱。

②药剂防治:查找发病中心,喷药封锁,以后视病势发展和降雨情况,及时喷药。发病初期喷洒国光黑杀可湿性粉剂3 000~4 000倍液,或国光三唑酮乳油1 500~2 000倍液叶面喷雾进行防治,隔12~15天喷1次,连续防治2~3次。

第四节　生姜

生姜　为姜科多年生草本植物，不仅是家庭厨房中常用的一种作料，也是一种营养价值极高的中药材，如图5-30所示。我国南北地区均种植。

图5-30　生姜

一、对生长环境条件的要求

环境条件

温度	喜欢温暖、湿润的气候，耐寒和抗旱能力弱，植株只能无霜期生长，生长最适宜温度是25～28℃，遇霜植株会凋谢，受霜冻根茎就完全失去发芽能力。
光照	耐阴而不耐强日照，对日照长短要求不严格，故栽培时应搭荫棚或利用间作物适当遮阴，避免强烈的阳光照射。
水分	耐旱抗涝性能差，对水分的要求格外讲究。生长期间土壤过干或过湿对姜块的生长膨大均不利，都容易引起发病腐烂。
土肥	肥沃疏松的壤土或沙壤土，在黏重潮湿的低洼地栽种生长不良，在瘠薄保水性差的土地上生长也不好。对钾肥的需要最多，氮肥次之，磷肥最少。

二、栽培技术

1. 整地施肥

姜忌连作，与水稻、葱、蒜类及瓜、豆类作物轮作。选择土层深厚，肥沃，疏松，排水良好的壤土或沙壤土地块栽种。另外，姜畏强光，亦需选荫蔽地栽种。姜生长期长，需肥量大，每亩施用农家肥不少于3 000kg，并施入硫酸钾20kg或复合肥30kg做底肥，以充分满足姜对营养的需求。

2. 播前处理

晒种　于晴天将种子单层铺放在背风、向阳、干燥、暖和的地方晒种。姜种外皮发干、发白、略有皱纹，表示已经晒好。

困姜 姜种晾晒 1 ～ 2 天后,趁热堆放室内 2 ～ 3 天,姜堆上覆草帘,以促进养分分解。

催芽 催芽的方法有许多,一般用火炕催芽、温室催芽等。将姜种堆放在室内进行催芽,催芽需要的温度大致为 25℃,湿度大致为 75%。保持这种温湿度直到姜种长出 0.6 ～ 1.2cm 的种芽为止。另外,注意催芽前要先浸种才行。

3. 播种方法

打姜沟(如图 5-31 所示),沟施肥料(如图 5-32 所示),敷土摆姜种(如图 5-33 所示)。

姜沟距离在 68 ～ 72cm,沟深 10 ～ 12cm,姜种每米摆 4 ～ 6 个。种后浇透水。

图 5-31 打姜沟

图 5-32 施肥料

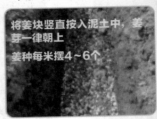
图 5-33 摆姜种

三、田间管理

1. 肥水管理

姜在种植以后肥水管理很重要,姜对水分的要求比较高,土壤过干或者过湿都会影响它的正常生长,特别是土壤过湿时根茎就会腐烂。姜在生长期间对肥料的需求也很大,平时施肥时应该以钾肥为主,氮肥和磷肥为辅,每次施肥以后都要浇足水。

2. 除草培土

当田间有 5% ～ 10% 姜萌芽露出土,抢晴用化学除草剂及时喷雾。每亩用草甘膦 450 ～ 600ml 加水 50 ～ 60kg 的药液防治杂草,可收到省工省力的效果。姜生长的中后期,结合培土进行除草。

3. 适时采收

当姜长到 10 ～ 20 根侧芽时,采收。在采收前 6 天,每亩追施尿素 20 ～ 25kg,以提高生姜品质。采收时应注意,不要碰破生姜茎块,防止水分流失,保证生姜的新鲜度。

四、病虫害防治

危害姜生长以及影响生姜产量的主要病害是腐烂病和斑点病。腐烂病一般在夏季七八月份发生,可持续到九月初,发现有发病的植株要及时拔除,并且要将植株旁边的土壤挖去,避免感染,然后撒上一层石灰,再用土将地填平。斑点病的防治方法是喷洒 50% 百菌清 800 倍液,每隔 7 ～ 10 天喷 1 次。影响质量的虫害主要是姜螟与姜蛆,通常用敌百虫或辛硫磷叶面喷洒防治。

第六章

甘蓝类蔬菜

第一节　结球甘蓝

结球甘蓝　是十字花科芸薹属植物，如图6-1所示，为甘蓝的变种。又称卷心菜、洋白菜、圆白菜、疙瘩白、包菜、包心菜、高丽菜、莲花白等，北方又称大头菜，各地普遍栽培。

图6-1　结球甘蓝

一、品种类型

尖头形

圆头形

平头形

二、对生长环境条件的要求

环境条件

温　度　属半耐寒性蔬菜，喜温和冷凉气候，能抗严寒和高温。生长期适温是15～25℃，结球期适温是15～20℃，莲座期适温是7～25℃。

光　照　喜光性蔬菜，充分的日照有益于生长。对光照强度要求不严格，在阴雨、光照弱的南方和光照强的北方都能生长。

水　分　要求土壤水分足及空气湿润，土壤干旱会影响结球，使产量下降。田间最大湿度是70%～80%。

土　肥　对土壤适应性强，pH值以5.5～6.5为宜。是喜肥和耐肥作物，吸肥量较多，在幼苗期和莲座期需氮肥较多，结球期需磷、钾肥较多，全生长期吸收氮、磷、钾的比例约为3:1:4。

三、栽培技术

1. 整地施肥

选择两年内没有种植过白菜、油菜、萝卜、花椰菜等十字花科蔬菜的地块栽培。

结球甘蓝主根深达30～60cm，根群横向伸展半径在80～100cm。根系吸收能力强。春甘蓝冬闲地，应耕翻25～30cm深，夏、秋甘蓝地耕层应达15～20cm。结合耕翻土地，早熟品种每亩施腐熟有机肥3 500kg、磷肥25kg、草木灰50kg；中晚熟品种每亩施腐熟有机肥5 000kg、磷肥25～30kg、草木灰50～100kg。定植前10～15天，还要进一步耕耙土地，将大土块打碎、压细；平整畦面，做成高畦。一般畦宽1.3～1.8m，畦高20～25cm。

2. 定植

当外界的日平均气温达到8℃，土层10cm地温稳定在5℃以上就可以定植了。定植时要挑选5～6片叶的适龄壮苗，剔除超标大苗和弱小苗，如图6-2所示。定植之后及时浇定植水，促进缓苗。栽种密度为每亩栽5 000～6 000株，当幼苗长出第一叶环时，进入团棵阶段，如图6-3所示，幼苗期结束。

图6-2　结球甘蓝定植

图6-3　结球甘蓝团棵

四、田间管理

1. 生长过程

定植后团棵期（10～15天）→莲座期（从团棵至新叶出现包心，如图6-4所示，15～20天）→结球期（结球早期，如图6-5所示；结球中期，如图6-6所示；结球末期，如图6-7所示。直至采收。20～30天）。

图6-4　结球甘蓝莲座期

图6-5　结球甘蓝结球早期

图 6-6　结球甘蓝结球中期

图 6-7　结球甘蓝结球末期

2. 养分管理

缓苗肥　定植后 5 天左右,浇施 0.3% 尿素水溶液 5kg/ 亩,促进缓苗生长。

莲座肥　定植后 15 ~ 20 天按照植株长势,每亩穴施尿素 10kg,施于株间,深度 8 ~ 10cm,施后盖土。

结球肥　结球早期,结合浇水每亩追施复合肥 20kg。

叶面肥　定植后每隔 15 ~ 20 天喷施 1 次硼砂 600 倍液。

3. 水分管理

定植水　定植后随时浇定根水,浇施 50% 敌克松 600 倍液。

缓苗水　定植后土壤墒情差,立刻浇缓苗水,促进缓苗。

莲座期　维持土壤湿润,按照长势适度供水。

结球期　保障水供应,促进结球,此期缺水将严重影响产量。

排水　生长期如遇大雨,或灌水超量后应立刻排水,避免田间积水引起生长不良。

4. 适时采收

结球甘蓝采收期不很严格,以叶球较坚及时采收为宜。采收太早,叶球不充实,产量低;采收偏晚,裂球多。

五、病虫害防治

1. 甘蓝黑腐病

危害症状　甘蓝黑腐病是一种常见的毁灭性病害,常与软腐病混合发生,造成大面积死棵。苗期发病子叶形成水渍状病斑,后渐蔓延到真叶,真叶叶脉上出现小黑点斑或细黑条,叶缘出现"V"形病斑;成株多从下部叶片开始发病,形成叶斑或黄脉,叶斑由叶缘向叶内成"V"形扩展,坏死扩大,呈黄褐色;病菌蔓延到茎部和根部形成黑色网状脉,导致植株萎蔫死亡,如图 6-8、图 6-9 所示。湿度高、叶面结露或叶缘吐水,或高温多雨均有利于病菌侵入和发生发展。

图6-8　甘蓝黑腐病外叶初期症状

图6-9　甘蓝黑腐病全株感染症状

防治方法

①农业防治：播种前用50℃温水浸种25分钟，或用30%琥胶肥酸铜可湿性粉剂，按种子重量的0.4%拌种消毒。适时播种，合理灌溉，防止伤根烧苗，及时防治虫害。

②药剂防治：发病初期可用77%可杀得3000可湿性粉剂600倍液，或57.6%冠菌清水分散粒剂800倍液，或47%春雷·王铜（加瑞农）可湿性粉剂500倍液喷雾。每隔5～6天喷1次，连喷2～3次。

2. 甘蓝软腐病

危害症状　甘蓝软腐病多在包心期发病，多从外叶叶柄或茎基部开始侵染，形成暗褐色水渍状不规则形病斑，迅速发展使根茎和叶柄、叶球腐烂变软、倒塌，并散发出恶臭气味，有时病菌从叶柄虫伤处侵染，沿顶部从外叶向心叶腐烂。（如图6-10、图6-11所示）

图6-10　甘蓝软腐病茎基部感染症状

图6-11　甘蓝软腐病叶球感染症状

防治方法

①农业防治：加强栽培管理，尽量避免在甘蓝菜株上造成伤口。雨后及时排水，增施基肥，及时追肥。发现病株后及时挖除，并销毁，病穴撒石灰消毒。

②药剂防治：发病初期，用50%氯溴异氰尿酸（消菌灵）可溶性粉剂1 500～2 000倍液，或6%氨基寡糖素（施特灵）水剂300～400倍液，或20%噻森铜悬浮剂500～1 000倍液，或14%络氨铜水剂350倍液，或80%代森锌可湿性粉剂500倍液喷雾，每隔10天喷1次，交替轮换用药，视病情连喷2～3次。

第二节　花椰菜

花椰菜　别名花菜、菜花或椰菜花，为十字花科芸薹属一年生植物，各地普遍栽培。花椰菜是一种很受人们欢迎的蔬菜，味道鲜美，营养也很高，还有很高的药用价值。（如图6-12所示）

图6-12　花椰菜

一、对生长环境条件的要求

环境条件

温度	喜温暖湿润，属半耐寒性蔬菜。叶丛生长与抽薹开花适温为17～20℃，种子发芽适温为25～30℃，幼苗生长适温为20～25℃，莲座期适温为15～25℃，花球形成期适温为17～18℃。
光照	对日照长短要求不严格，喜光稍耐阴，花球形成期忌阳光直射，否则花球变黄、松散，品质变劣。
水分	喜湿润，土壤干旱则植株矮小，过早形成小花球。但土壤过湿易使根系窒息褐变致死，或引起花球松散、花枝霉烂。
土肥	宜有机质丰富、疏松肥沃的壤土或轻沙壤土上栽培。适宜pH值为6～6.7。花椰菜为喜肥、耐肥性作物。花球期需要磷钾肥。缺钾时易诱发黑心病；缺硼时易引起花球中心开裂，花球变锈褐色，味发苦；缺镁时叶片易黄化。

二、栽培技术

1. 苗床育苗

育苗一般采取苗床育苗和穴盘育苗两种方式，下面以苗床育苗为例介绍育苗。

种子处理　放入55℃温水浸种20分钟，期间不断搅拌，再在常温下浸种3～4小时。

催芽　将浸好的种子捞出洗净，稍加风干后用湿布包好，放在25～30℃的环境下催芽，每天用清水冲刷1次，当有60%以上的种子萌发（露白）时即可播种。

播种　育苗土要使用人工配置的营养土。由菜园土和有机肥5∶1组成,可再加入氮磷钾复合肥。播种前在营养钵中浇足底水,点播种子后,覆厚度为0.6~0.8cm土。当子叶展开时,去除弱小苗,保持苗床见湿见干,如图6-13所示。定植前用70%甲基托布津可湿性粉剂600~800倍液喷雾1次,对幼苗进行杀菌处理(如图6-13所示)。

图6-13　花椰菜育苗间苗

图6-14　花椰菜幼苗杀菌

2. 移栽定植

一般每畦种植2行,呈三角形交替排列种植,以减少植株间拥挤及扩大生长空间,提高光能利用率,如图6-15所示。宜高畦种植,畦带沟宽1.0~1.2m、沟深0.3m。早熟种可适当密植,株行距0.5m×0.6m;中晚熟种株行距0.55m×0.65m,每亩种植2 180~2 200株。完成后要浇一点定植水,如图6-16所示。

图6-15　花椰菜定植

图6-16　花椰菜定植浇水

3. 施肥管理

大田期遵循施足基肥,追肥薄肥勤施,重施蕾前肥的基本原则。基肥占总施肥量的30%~35%,追肥占总施肥量的65%~70%。以氮肥为主,适量施用磷肥,提高钾肥和微肥的施用量。

基肥　结合整地,每亩施用腐熟农家有机肥2 000~2 500kg或商品有机肥1 000kg、45%硫酸钾型三元复合肥35~40kg、硼砂1.0~1.5kg。

追肥　花椰菜追肥应以速效氮肥为主,配合磷钾肥,促进花球膨大。整个生长过程需追肥4次。第1次在定植后7天左右,每亩施尿素7.5kg、磷肥15~18kg;第2次在定植后15天,每亩施尿素15kg、磷肥20kg、氯化钾或硫酸钾5kg;第3次在现蕾前重施,每亩施三元复合肥40kg;第4次在现蕾后,每亩施尿素10kg,对水浇施或用0.5%尿素加0.2%硼砂液做叶面喷施。

4. 水分管理

花椰菜生育期喜湿润,不耐涝、不耐旱。缓苗期保持土壤湿润即可,每天在17:00后浇1次水;苗期以薄水勤浇为宜,见干见湿即可;植株生长旺盛期,应勤浇水,保持土壤充分湿润,以不积水为度。

5. 适时采收

花球充分膨大,球缘周边刚开始出现松散时即为最佳采收期。采收时保留近花球基部的3~5张叶片以保护花球,保证新鲜度。

三、病虫害防治

花椰菜黑斑病

危害症状 主要为害叶片、叶柄、花梗及种荚等部位,以叶片为主。叶片发病多在外叶或外层球叶上,初时病部产生小黑斑,温度高时病斑迅速扩大为灰褐色圆形病斑。叶上病斑多时,病斑汇合成大斑,或致叶片变黄干枯,茎、叶柄染病,病斑呈纵条形黑霉。花梗、种荚染病出现黑褐色长梭形条状斑,结实少或种子瘦瘪。(如图6-17、图6-18所示)

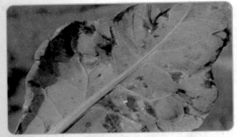

图6-17 花椰菜黑斑病叶片背面症状　　　图6-18 花椰菜黑斑病叶球症状

防治方法

①农业防治:增施基肥,注意氮、磷、钾配合,避免缺肥,增强寄主抗病力。及时摘除病叶减少菌源。

②药剂防治:在发病前喷洒75%百菌清可湿性粉剂500~600倍液,或40%大富丹及50%克菌丹可湿性粉剂400倍液,或50%扑海因可湿性粉剂1 500倍液,或50%速克灵可湿性粉剂2 000倍液,隔7~10天1次,连续防治2~3次。

第三节　芥　蓝

芥蓝　属十字花科芸薹属一或二年生草本甘蓝类蔬菜,如图6-19所示,是我国特产菜之一,以广东、广西、福建栽培为多。芥蓝主要以肥嫩的花薹和嫩叶为食用器官,质脆嫩,清甜鲜美,风味别致。

图6-19　芥蓝

一、对生长环境条件的要求

环境条件

温　度 芥蓝喜温和的气候，耐热性强。种子发芽和幼苗生长适温为25～30℃，叶丛生长和菜薹形成适温为15～25℃，喜较大的温差。30℃以上对菜薹发育不利，15℃以下生长缓慢。

光　照 虽属长日照植物，但现有品种对日照长短要求不严格。叶片生长、菜薹发育和开花结果都需要良好的光照。

水　分 喜土壤湿润，要求土壤持水量80%～90%，但不耐涝。芥蓝生长需一定的空气湿度。在菜薹形成期间，忌高温干燥。

土　肥 土壤适应性较广，肥沃且富含有机质的壤土和沙壤土适宜栽培芥蓝。芥蓝对营养元素吸收量大小顺序依次为钾、氮、磷，吸收氮、磷、钾比例为5.2∶1∶5.4。

二、栽前准备

1. 播种时间

选择气温在15～25℃的季节栽培，应根据栽培季节和栽培方式选择相应的品种和播种期。

2. 播种方法

芥蓝可采用直播或育苗移栽方式生产，北京地区多用育苗移栽方式，每亩需用种75～100g。育苗地应选择排灌方便的沙壤土或壤土，最好前茬不是种植十字花科蔬菜的土地。

3. 育苗管理

要经常保持育苗畦湿润，苗期施用速效肥2～3次。播种量适当，注意间苗，避免幼苗过密徒长成细弱苗。苗龄25～35天可达到5片真叶。间苗一般在2片真叶出现以后进行。选择生长好、茎粗壮、叶面积较大的嫩壮苗，不宜用小老苗。

三、栽培技术

1. 整地施肥

芥蓝种植选用保肥保水的土壤，精细整地，每亩施入基肥（腐熟猪粪、堆肥）3 000～

4 000kg、过磷酸钙25kg,翻入土壤混合均匀,耕匀耕平,土粒打细。畦一般做平畦,但夏季栽培应做小高畦,畦宽1.5m左右。

2. 定植方法

芥蓝在苗龄为30天左右,具5~6片真叶时定植。定植时间宜选晴天傍晚进行,随拔随栽,并剔除病、弱苗。定植前按苗大小分级后再定植,生育期相对一致,收获期集中,采收也方便。定植密度因品种而异,早熟种株行距20cm×30cm,每亩定植7 000株左右;晚熟种株行距30cm×35cm,每亩定植5 000株左右。

3. 浇水施肥

根据温湿度情况及时浇缓苗水,缓苗后叶簇生长期适当控制浇水,进入菜薹形成期和采收期,要增加浇水次数,保持土壤湿润。基肥与追肥并重,追肥随水施,一般缓苗后3~4天要追施少量的氮肥或鸡粪稀,现蕾抽薹时追施适当的速效性肥料或人粪尿。主薹采收后,要促进侧薹的生长,应重施追肥2~3次。(如图6-20所示)

4. 中耕培土

芥蓝前期生长较慢,株行间易生杂草,要及时进行中耕除草。随着植株的生长,茎由细变粗,基部较细,上部较大,头重脚轻,要结合中耕进行培土、培肥,最好每亩施入1 000~2 000kg有机肥。

5. 适时采收

采收适期为芥蓝现大花蕾时,如图6-21所示。此时菜薹最大,品质最佳。主薹采收时,一般保留4~5个茎叶,其中要留2~3个健壮老叶,促进侧芽萌发和生长。主薹采收20天后,侧薹长至17~20cm时,及时采收,同样保留2~3个基叶,促进第2次侧薹生长。切口一定要倾斜,以免积水腐烂。每次采收后,要加强肥水管理,促进侧薹生长。

图6-20 芥蓝浇水施肥　　　　　　　　图6-21 芥蓝采收

四、病虫害防治

芥蓝的病害较少,多为黑腐病,此为细菌性病害,高温高湿易发生。防治方法为选用抗病品种,避免与十字花科蔬菜连作,发现病苗及时拔除,初发现病斑即喷洒杀菌剂,如百菌清等。另外,温室栽培在温度偏低、湿度大时叶片、茎和花梗易发生霜霉病。

第七章

瓜类蔬菜

第一节 黄 瓜

黄瓜 别名刺瓜、青瓜,葫芦科一年生蔓生或攀缘草本植物,如图7-1所示。各地普遍栽培,为各地夏季主要菜蔬之一。

图7-1 黄瓜

一、黄瓜分类

普通黄瓜

生长势强,抗重茬,瓜条生长速度快,成瓜性好,瓜条棍棒型,颜色深绿,有光泽,肉厚、致密、商品性好。亩产在6 000kg以上。

水果黄瓜

特别甜,果皮薄,口感脆嫩,特别适合鲜食。果条直,表皮光滑无刺,圆柱形,不易弯曲,果肉绿色,产量高,可达10 000kg。

二、对生长环境条件的要求

环境条件

温 度	喜温暖不耐寒冷。生长适温为10 ~ 32℃,白天为25 ~ 32℃,夜间为15 ~ 18℃最好;最适地温20 ~ 25℃,最低15℃左右。
光 照	对日照的长短要求不严格,已成为日照中性植物,多数品种在8 ~ 11小时的短日照条件下,生长良好。
水 分	黄瓜产量高,需水量大。适宜湿度为60% ~ 90%。湿度过大容易发病,造成减产。
土 壤	喜湿而不耐涝,喜肥而不耐肥,宜含有机质的肥沃土壤。一般喜欢pH值5.5 ~ 7.2的土壤,以pH值6.5为最好。

三、栽培技术

1. 苗床管理

整地 选择pH值在6.0～7.5，富含有机质、排灌良好、保水保肥的偏黏性沙壤土整地栽培。忌与瓜类作物连作，前茬最好为水稻田。采用深沟高畦栽培，畦宽1.8m～2.0m（连沟），畦高30cm，南北走向，双行植，株距30cm。

育苗 浸种催芽，用50～55℃温开水烫种消毒10分钟，不断搅拌，以防烫伤种子。然后用约30℃温水浸4～6小时，搓洗干净，捞起沥干，在28～30℃的恒温箱或温暖处保湿催芽，经20小时开始发芽。苗龄15～20天（2片真叶）时可定植。

2. 定植移栽

黄瓜种植可以直接在地里播种，也可以先育苗，然后再定植。先育苗的方法，可以相对地提高菜地的利用率。在一个很小的地方集中培育黄瓜苗，更便于管理，特别是在浇水的时候。

合理密植 定植黄瓜苗的最小间距不要小于30cm。移栽的深度，只要把小苗的2片子叶留在地面上就可以。

浇稳根水 每50kg水加尿素250g、枯草芽孢杆菌60g、海藻生根剂60ml。充分拌匀后施用，每株浇药水250g。浇水后用土将定植孔封闭。（如图7-2所示）

小苗的2片子叶留在地面以上

浇稳根水

株间距不要小于30cm

图7-2 黄瓜定植

3. 施肥管理

黄瓜对基肥反应良好，整地时深耕增施腐熟有机肥，每亩施2 000～3 000kg，复合肥20～30kg作为基肥。

卷须出现时结合中耕除草培土培肥，采收第1批瓜后再培土培肥1次，亩施花生麸15～20kg，复合肥30kg、钾肥10kg。追肥以"勤施、薄施"为原则，以避免陡长、早衰。

4. 灌水管理

幼苗期间浇水不宜过多，要见湿见干。开花结果期需水量最多，一般一天淋水1次。雨天要做好防涝工作。

5. 搭架引蔓与整枝

一般卷须出现时插竹搭架引蔓，搭"人"字架，如图7-3所示。把秧苗绑在上面，以免倒伏或者折断,每隔几十厘米就要捆绑1次,如图7-4所示。主侧蔓结果或侧蔓结果的,一般8节以下侧蔓全部剪除,9节以上侧枝留3节后摘顶。

图 7-3　黄瓜搭架　　　　　　　　　图 7-4　黄瓜引蔓

6.采收

已经成熟的黄瓜要及时采收,否则会影响其他小黄瓜的生长,且黄瓜长老了也不好吃。每棵秧苗上可以保留2条瓜,最多3条黄瓜同时生长。

四、病虫害防治

1.黄瓜猝倒病

危害症状　猝倒病是黄瓜苗期主要病害,保护地育苗期最为常见,发病严重时可造成烂种、烂芽及幼苗猝倒。种子萌芽后至幼苗未出土前受害,可造成烂种、烂芽。出土幼苗茎基部患病后,出现水渍状黄色病斑,后为黄褐色,缢缩呈线状,倒伏,如图7-5所示。育苗一拔断,病态发展很快,子叶尚未凋萎,幼苗即突然猝倒死亡,如图7-6所示。湿度大时在病部及其周围的土面长出一层白色棉絮状物。瓜条受害后,瓜面出现水渍状大斑,严重时瓜腐烂,表面长出一层白色絮状物,称绵腐病。

图 7-5　茎基呈水渍状　　　　　　　　图 7-6　发病幼苗

防治方法

①农业防治:选择地势高、地下水位低、排水良好的地块做苗床。播种前,苗床要灌足底水,出苗后尽量不浇水,必须浇水时一定要选择晴天进行。注意及时插架引蔓,不要使瓜条着地,以减轻发病。

②药剂防治：幼苗发病初期，苗床及时浇灌72.2%霜霉威水剂400倍液，或用64%甲霜·锰锌可湿性粉剂500倍液，或用70%敌克松可湿性粉剂800倍液，或用25%甲霜灵可湿性粉剂600～800倍液，每7～10天1次，连续用2～3次。3亿CFU/g哈茨木霉菌可湿性粉剂4～6g/m²，进行灌根处理。

2. 黄瓜黑星病

危害症状　黑星病是黄瓜的一种毁灭性病害，严重影响黄瓜的产量和质量，重病田可减产50%以上，直至绝产。地上各部位均可发病，以幼嫩部分如嫩叶、嫩茎、幼瓜受害最重。叶片发病，初生褪绿色小斑点，后发展为近圆形病斑，直径1～3mm，少数可达5mm，病斑不受叶脉限制，淡黄褐色，后期病斑呈星状开裂穿孔。病斑多时，叶片常常破碎不堪。茎蔓发病，病斑长梭形，大小不等，最长可在4cm左右，淡黄褐色，中间开裂下陷，少数病斑开裂深度在2～3mm。病斑处开始有透明分泌物，随即变为琥珀色胶状物，胶状物脱落后病斑龟裂呈疮痂状。空气湿度大时，病斑长出灰黑绿色霉层。瓜条发病，病斑暗绿色，圆形至椭圆形，凹陷，一般深2～3mm，最深可达5mm。发病后期，病斑龟裂呈疮痂状，病斑处溢出半透明胶状物，不久变为琥珀色，以后病斑逐渐扩大，胶状物增加，空气干燥时胶状物易脱落。（如图7-7、图7-8所示）

图7-7　黄瓜黑星病叶片发病症状　　　图7-8　黄瓜黑星病瓜条发病症状

防治方法

①农业防治：用无病菌的新土育苗，用地膜覆盖栽培。定植后至结瓜期，要控制浇水，降低棚室内的湿度。保护地栽培，尽可能采用生态防治方法，尤其要注意温度和湿度的管理。白天温度控制在28～30℃，夜间在15℃左右，相对湿度控制在90%以下。采用放风排湿、控制灌水等措施降低棚内湿度，减少叶面结露。

②药剂防治：发病初期喷药防治，可选用400g/L的氟硅唑乳油3 200～5 000倍液，或用250g/L嘧菌酯悬浮剂450～650倍液，或用50%多菌灵可湿性粉剂600倍液，或用80%代森锰锌可湿性粉剂600倍液，每7～10天1次，连续2～3次。保护地栽培，在定植前10天，可将硫黄粉与锯末混合后，分放数处，点燃后密闭棚室熏一夜。发病初期，每亩喷撒25%氟硅唑·咪鲜胺1 000倍液，或将45%百菌清烟剂200g点燃熏，或用20%腈菌唑

<h1>第二节 冬 瓜</h1>

冬瓜 别名白瓜、葫芦瓜、节瓜，为葫芦科冬瓜属一年生蔓生或架生草本植物。各地区均有栽培。冬瓜果皮和种子可供药用，有消炎、利尿、消肿的功效。（如图7-9所示）

图7-9 冬瓜

一、对生长环境条件的要求

环境条件

温 度 生长发育适温为25～30℃，种子发芽适温为28～30℃，根系生长适温为12～16℃，坐果适温为25℃左右，20℃以下不利于果实发育。

光 照 短日照性作物，生育期要求长日照和充足的光照。结果期长期阴雨低温，则会发生落花、化瓜和烂瓜。

水 分 冬瓜叶面积大，蒸腾作用强，需要较多水分，空气湿度过大或过小都不利于授粉、坐果和果实发育。

土 肥 对土壤要求不严格，植株营养生长及果实生长发育要求有足够多的土壤养分。施肥以氮肥为主，适当配合磷、钾肥。

二、栽培技术

1.培育壮苗

浸种催芽 选饱满的种子，用70～80℃的热水烫种，边倒水边搅拌，待水温降到30℃时，浸种10小时，捞出后稍晾一下，然后用湿布包好，放在30℃条件下催芽。催芽期间每天用30℃温水淘洗1次，然后晾一下，防止坏种，然后用湿布包好继续催芽，3～4天可发芽。每15亩用种量6～7.5kg。浸种前用40%福尔马林150倍液浸种1～2小时，浸种后立即用清水多次冲洗。

适时播种 将草灰或秸秆发酵后的有机物、珍珠岩、蛭石按6:3:1比例配制的营养基质装入穴盘内，每小穴内放1～2粒出芽的种子，覆盖一层2cm厚的营养基质，喷洒清水，用塑料薄膜包好，5～7天就能出苗。（如图7-10所示）

苗期管理　出苗后去除塑料薄膜,使秧苗充分接受自然光照,保持23~28℃,1~2天喷1次三元复合肥营养液,喷水,穴盘保持见干见湿状态。

适宜苗龄　冬瓜的定植适宜苗龄为40天左右,有3~4片真叶,即可定植。苗龄过大,根的再生能力较差,定植后不易缓苗。(如图7-11所示)

图7-10　冬瓜育苗盘

图7-11　冬瓜育苗

2. 整地施肥

可选择土层深厚,有机质丰富,pH值6~6.5的沙壤土或黏壤土,深翻犁耙,深度30cm,整地起垄。施足基肥,以优质农家肥为主,每亩1 500~2 500kg与磷酸钙40~50kg混合施用,可每亩再加30~40kg复合肥。

3. 适时定植

当冬瓜苗两叶一心或者三叶一心时就可以定植了,如图7-12所示。

①平棚架:畦宽约3.5m(连沟),双行植,定植后盖上地膜,如图7-13所示。株距70~80cm,每亩500株。

②架冬瓜:行株距150cm×(70~80)cm,每亩600株。

③地冬瓜:畦宽约4m(连沟),双行植,株距80~100cm,每亩300株。

图7-12　冬瓜秧苗

定植后盖上地膜

图7-13　冬瓜定植

4. 田间管理

追肥灌水　坐瓜前小水浇灌,坐瓜后,追1次催瓜肥,并浇1次大水。每行穴施7 500~11 250kg腐熟大粪干或优质农家肥30 000kg,也可施硝酸铵525~600kg。果实褪毛上粉时,再追施硝酸铵525~600kg,喷1次磷肥,有利于果实的肥大充实。接近成熟时要严格控制浇水。

中耕除草　浇过缓苗水后，要及时中耕松土，多次中耕划锄，这样除草可保温保墒，促使根系发育，苗壮而不徒长，为花芽分化创造条件。当茎叶封垄后，不便再中耕除草，但要及时拔除大草。

搭架保果　冬瓜的藤蔓较发达，比较长。在植株长到高20cm左右时就应该搭架，最好是搭建"门"字形架子，如图7-14所示。及时吊瓜，常用麻绳或撕裂绳"8"字形套在果柄上，如图7-15所示，或用吊网。冬瓜多数只留主蔓，侧蔓全部摘除。大果型利用主蔓留1个瓜，最好在第23～35节留瓜，小果型可留2～3个瓜。

图 7-14　冬瓜搭架

图 7-15　冬瓜吊果

5. 采收适期

花谢后一个多月就可以采收。具体要观察冬瓜大小、颜色、是否成熟再确定能否采收，成熟后不须施肥浇水。采收用剪刀剪下，有利于保存。采收不要过晚，否则不耐储藏，容易腐烂。

三、病虫害防治

1. 冬瓜炭疽病

危害症状　以果实症状最为明显，危害性也大。果实发病时，在顶部出现水渍状小点，扩大后出现圆形褐色凹陷病斑，湿度大时病斑中部长出粉红色粒状物。病斑连片致皮下果肉变褐色，严重时腐烂。叶片发病，病斑为圆形，直径3～30mm，褐色或红褐色，周围有黄色晕圈，中央色淡，病斑多时叶片干枯。（如图7-16、图7-17所示）

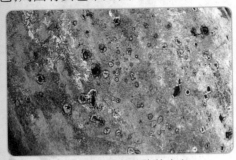
图 7-16　褐色凹陷的病斑

图 7-17　放大的病斑

防治方法

①农业防治：实行3年以上轮作。苗床用无病菌土或对苗床土壤消毒。地膜覆盖栽培，增施磷、钾肥。保护地栽培，要注意通风排湿，使棚内的湿度控制在70%以下，减少叶面结露和吐水。

②药剂防治：发病初期喷施25%嘧菌酯悬浮剂1 000倍液，或用36%甲基硫菌灵悬浮剂500倍液，或用50%苯菌灵可湿性粉剂1 500倍液，或用80%福·福锌可湿性粉剂800倍液，或用25%溴菌腈可湿性粉剂500倍液，连续施药3次，每次间隔7天。保护地栽培的，可在发病初期每亩用45%百菌清烟剂250g烟熏防治，过9～11天后再熏1次。

2. 冬瓜菌核病

危害症状　主要为害果实和茎蔓。果实发病，多从残花部开始，病部呈水渍状腐烂，后期病部长出白色菌丝，并纠结成黑色菌核。茎蔓发病，在近地面的茎部产生褪色水渍状病斑，后逐渐扩大并呈褐色，高湿条件下病茎软腐，长出白色绵毛状菌丝。病茎髓部腐烂中空，纵裂干枯。叶片发病，病部呈水渍状并迅速软腐，后长出大量白色菌丝，菌丝密集形成黑色鼠粪状菌核。（如图7-18所示、如图7-19所示）

图7-18　冬瓜呈水渍状腐烂　　　　　　　图7-19　冬瓜长出白色菌丝

防治方法

①农业防治：种子消毒，播前用10%盐水漂种2～3次，去除菌核；或用50℃温水浸种10分钟，可杀死菌核。

最好实行水旱轮作。夏季病田灌水浸泡半个月，收获后及时深翻土地。覆盖地膜抑制子囊盘出土。棚室上午以闷棚提温为主，下午及时放风排湿，发病后可适当提高夜温以减少结露。早春日均温度控制在29～31℃，相对湿度低于65%可减少发病。

②药剂防治：定植前每亩用20%甲基立枯磷500g配成药土耙入土中，在盛花期喷洒50%乙烯菌核利可湿性粉剂1 000倍液，或用60%多菌灵超微粉600倍液，或用50%异菌脲可湿性粉剂1 500倍液加70%甲基硫菌灵可湿性粉剂1 000倍液，隔8～9天1次，连续3～4次。病情严重时，除正常喷雾外，还可把上述杀菌剂对成50倍液，涂抹在瓜蔓病部，可控制病情发展。

第三节　苦　瓜

苦瓜　又名凉瓜,葫芦科,苦瓜属植物,如图7-20所示。苦瓜耐热,耐雨水,在南方栽培较多。苦瓜有清热,养血益气的功效。苦瓜所含丰富的维生素C有一定的美白功效。

图7-20　苦瓜

一、对生长环境条件的要求

环境条件

温　度	要求较高的生长温度。发芽温度为30～35℃,幼苗期适温为20～25℃,开花、结果适温为20～30℃。
光　照	对光照要求不严格,较长时间的光照有利于植株生长、开花和结果,并能提高果实的品质。
水　分	喜湿但又怕涝,阴雨天气植株生长不良,苦瓜极易腐烂;土壤含水量在15%左右为宜,空气湿度在70%～80%为宜。
土　肥	需肥沃疏松的土壤。有机肥料充足,植株粗壮,结果多,瓜条大。结果盛期要求追施充足的氮肥。

二、栽培技术

1.播种育苗

种植苦瓜一般在3月中旬左右开始催芽,播前将种子浸泡于55～60℃的热水中,并不断地搅拌,使种子受热均匀。10～15分钟后,将水温降至30℃左右,继续浸泡8小时,然后装入透气布袋中,放在30～35℃的环境下催芽。85%的种子露白即可播种。

采用营养钵育苗(如图7-21所示),每个营养钵内播1粒种子,随即浇水,待水渗透后,上面撒1cm厚的细土,盖好塑料布。当植株长到15cm左右时就可以定植了。

2.施肥定植

定植前应该施足基肥。一般每亩施熟堆肥2 000kg或有机肥1 500kg。基肥施完后深翻土壤,深度在10cm左右。定植行距40cm,株距30～40cm。定植后应及时浇水,如

图7-22所示。浇水量不要大,湿透土壤即可。

图 7-21 苦瓜育苗

图 7-22 苦瓜定植

3. 搭架整枝

苦瓜开始抽蔓时要及时搭架,有"人"字形架(如图7-23所示)、平棚架(如图7-24所示)。前期要注意人工绑蔓,辅助瓜秧上架。苦瓜蔓上架以后,主蔓50cm以下不能留瓜,应把雌花摘掉以利于整体发育。待主蔓继续伸长,坐6~7个瓜以后,留5~6片叶,打顶,同时摘除子蔓、孙蔓。

图 7-23 搭"人"字形架

图 7-24 搭平棚架

4. 肥水管理

在进入收瓜期以后,无雨情况下,每7~10天浇1次水,并结合浇水每15~20天追1次肥,浇水之前应结合穴施尿素或复合肥每亩7~10kg。如果追肥不及时,缺少氮肥,则植株瘦弱,叶色黄绿,结瓜少,瓜条小,产量低,瓜的品质差。如遇连续阴雨天气,应注意排涝。

5. 及时采收

苦瓜以嫩果供食。果实的条状或瘤状突起较饱满,果实转为有光泽,果顶颜色变淡即可采收。

三、病虫害防治

1. 苦瓜枯萎病

危害症状 幼苗发病,茎基部变褐色缢缩,叶片萎蔫下垂,严重时猝倒死亡。成株发病,病株生长缓慢,中午萎蔫,早晚恢复,持续几天后,全株萎蔫枯死。(如图7-25、图7-26所示)

图 7-25　苦瓜枯萎病植株及病叶

图 7-26　苦瓜枯萎病病茎病根

防治方法

①农业防治：选用穗新2号、夏丰2号、夏雷苦瓜、成都大白苦瓜等抗枯萎病的品种；避免与瓜类蔬菜连作，实行3～4年以上的轮作；播种前对种子严格消毒。

②药剂防治：病害开始发生时，速将病株拔除，同时喷75%百菌清（达科宁）500～800倍液，或用50%多菌灵（防霉宝）超微可湿性粉剂500～600倍液，或用70%敌磺钠（敌克松）原粉500～800倍液，每隔7～10天喷1次，连续3～4次。

2.苦瓜蔓枯病

危害症状　苦瓜蔓枯病，叶斑较大，圆形至椭圆形或不规则形，呈灰褐至黄褐色。茎蔓病斑多为长条不规则形，浅灰褐色。染病瓜条组织变糟，易开裂腐烂。在鉴别诊断上蔓枯病茎部发病引起瓜秧枯死，但维管束不变色，这是与枯萎病的区别。（如图7-27、图7-28所示）

图 7-27　苦瓜蔓枯病病叶

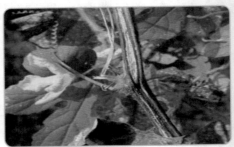
图 7-28　苦瓜蔓枯病病茎

防治方法

①农业防治：选用无病菌种子，使用消毒剂浸泡，以减少带菌种子；选用丝瓜做砧木，用舌接法将苦瓜嫁接到丝瓜上，使用新高脂膜涂抹嫁接口，可有效减少苦瓜蔓枯病为害；实行2～3年与非瓜类作物轮作，拉秧后应彻底消除作物的枯枝落叶及残体。

②药剂防治：发病初期，可选用70%甲基硫菌灵（甲基托布津）可湿性粉剂600倍液，或75%百菌清（达科宁）可湿性粉剂600倍液，或60%多菌灵（防霉宝）超微可湿性粉剂800倍液喷雾。也可用5%百菌清（达科宁）粉尘剂，或5%春雷氧氯铜（加瑞农）粉尘剂，每亩1kg，于早晨或傍晚喷撒，隔7～10天喷1次，喷药次数视病情而定。

第八章
豆类蔬菜

第一节　豇　豆

豇豆　别名长豆,为豆科豇豆属一年生缠绕性草本植物,如图8-1所示。原产于亚洲东南部,我国南方普遍种植。嫩荚、种子供应期长,是夏秋蔬菜供应淡季的主要蔬菜之一。

图8-1　豇豆

一、品种类型

蔓生型　主蔓侧蔓均为无限生长,具左旋性,栽培时需设支架。叶腋间可抽生侧枝和花序,陆续开花结荚,生长期长,产量高。如早熟品种有红嘴燕、重庆二巴豇,中熟品种有四川白胖豆、广州大叶青,晚熟品种有四川白露豇、广州八月豇等。(如图8-2所示)

图8-2　蔓生型豇豆

矮生型　主茎4~8节以后花芽封顶,茎直立,植株矮小,生长期较短,成熟早,产量较低。如南昌扬子洲黑子和红子,上海、南京盘香豇,厦门矮豇豆等。(如图8-3所示)

图8-3　矮生型豇豆

二、对生长环境条件的要求

环境条件

温　度	喜温暖，耐高温，不耐霜冻。发芽期适温为25~32℃，幼苗和甩蔓期适温为20~26℃和16~22℃；开花和结英期适温为25~32℃和18~22℃。
光　照	多属于中光照性植物；短日照可降低第1花序节位，开花结英增多；开花结英期要求光照充足。
水　分	耐旱力较强，不耐涝。开花结英期要求较高的土壤湿度。
土　肥	以富含有机质、疏松透气的壤土为宜，需肥量较其他豆类作物多。

三、选地整地

选择肥沃、疏松的壤土或沙壤土地块，整地并施足基肥，亩施腐熟农家肥4 000kg、过磷酸钙80～100kg、硫酸钾50kg，均匀撒在地里后再深翻30cm，耙细整平。（如图8-4所示）

四、播种

选择品种　一般选择耐弱光性好、耐湿抗病性强、温度适应性强、经济效益高的蔓生品种进行种植，比如龙须豇豆、之虹特早30等。

适时种植　豇豆喜温暖的气候，可以在春季至秋季进行种植。

种植方式　豇豆一般采用点播方式种植，如图8-5所示。按株行距40cm开穴，每穴放种2～3粒，覆土1～2cm，适当浇水，然后覆盖地膜保温保湿。

图8-4　整地

图8-5　点播方式种植的苗

五、田间管理

定苗　当生长出3～4片真叶时要定苗，一般每穴留2～3株壮苗。定苗发现缺苗要及时补苗，确保齐苗。

搭架　在抽蔓前要及时搭架，如图8-6所示，确保田间通透性良好，同时要注意摘除老叶、黄叶，改善田间通风透气。

追肥　在定苗后要及时追肥，抽蔓期和开花结果期都需要大量的养分，要及时施肥，确保养分充足。视土壤干湿情况浇水，如图8-7所示。

图 8-6　搭架　　　　　　　　　　　　图 8-7　浇水

六、采收

当荚条粗细均匀、荚面豆粒不鼓起，但荚内种子已开始生长时，是嫩荚采摘的最佳时期。需要注意的是，在采收的时候，切勿伤及花序枝、花蕾。

七、病虫害防治

1. 豇豆锈病

危害症状　豇豆锈病由豇豆单胞锈菌引起，主要为害叶片、叶柄，茎蔓和豆荚也可受害。发病初多在叶片背面形成黄白色小斑点，微隆起，扩大后形成红褐色疱斑，具有黄色晕圈，疱斑破裂后散放出红褐色粉末，疱斑处的叶片正面，产生褪绿斑。植株生长后期，病部产生黑色疱斑，含有黑色粉末，致叶片早落，种荚染病后不能食用。在适温范围内，早晚重露、多雾易诱发本病，地势低洼、排水不良、种植过密、偏施氮肥，发病会加重。（如图 8-8、图 8-9 所示）

图 8-8　豇豆锈病叶片症状　　　　图 8-9　豇豆锈病子实体感染症状

防治方法

①农业防治：选用当地抗病品种，加强田间管理；清除病残体及时掩埋或烧毁。

②药剂防治：发病初期及时选用 50% 粉锈宁可湿性粉剂 1 000 倍液，或 50% 萎锈灵乳油 800 倍液，或 50% 多菌灵可湿性粉剂 500 倍液，或 15% 三唑酮可湿性粉剂 1 500 倍液，或 50% 硫黄悬浮剂 200 倍液，或 30% 固体石硫合剂 150 倍液，或 65% 代森锌（蓝博）可湿性粉剂 500 倍液，或 25% 敌力脱乳油 4 000 倍液，每隔 7 ~ 10 天 1 次，连喷 2 ~ 3 次。

2.豇豆白粉病

危害症状　豇豆白粉病主要为害叶片。初发病时先在叶片产生近圆形粉状白霉,后融合成粉状斑,严重时白粉覆盖整个叶片,致叶片枯黄、脱落。(如图8-10、图8-11所示)

图8-10　初期叶片症状　　　　　图8-11　豆茎感染症状

防治方法

①农业防治:选用抗病品种,加强田间肥水管理,清除病残体及时掩埋或烧毁。豇豆与瓜类或豆类轮作2～3年,可有效降低发病率。

②药剂防治:70%甲基托布津可湿性粉剂1 500倍液,或15%粉锈宁可湿性粉剂2 000～3 000倍液,或50%硫黄悬浮剂200～300倍液,每7～10天喷洒1次,共2～3次。

第二节　菜　豆

菜豆　别名四季豆、芸豆、玉豆等,为豆科菜豆属一年生草本植物。食用嫩荚及种子,嫩荚营养高、风味好。除露地栽培外,在保护地栽培也很普遍。四季生产,周年供应,深受广大消费者欢迎。(如图8-12所示)

图8-12　菜豆

一、品种类型

蔓生型　主蔓长2~3m,节间长,攀缘生长,属无限生长类型。每个茎节的腋芽均可抽生侧枝或花序,陆续开花结荚。成熟较迟,产量高,品质好。(如图8-13所示)

矮生型　植株矮生直立,株高40~60cm。主茎长至4~8节时顶芽形成花芽封顶。侧枝生长数节后,顶芽形成花芽封顶。生育期短,早熟,产量低。(如图8-14所示)

图8-13　蔓生型菜豆　　　　　图8-14　矮生型菜豆

二、对生长环境条件的要求

环境条件

温度	喜温暖,不耐高温及霜冻,发芽适宜温度为20~28℃,幼苗适温为15~25℃,开花结荚适温为15~20℃。
光照	喜光,弱光下生长不良;为短日照植物,但多不严格,各地可相互引种,春秋均可种植。
水分	耐旱力较强,适宜土壤湿度为60%~80%,空气湿度为50%~75%。
土肥	土层深厚疏松、透气,排水良好,土壤酸碱度以微酸至中性为宜。菜豆需钾肥较多,磷肥需要量不多。

三、栽培技术

1. 种子处理

选种　　　　　浸种　　　　　催芽　　　　　成芽

挑选出劣质种子

用0.01%~0.03%的钼酸铵溶液浸泡种子10分钟

放到20~28℃的环境中催芽

经2~3天大多数种子会发芽

2. 培育壮苗

营养土可选用腐熟有机堆肥和菜园土以4:1的比例配制

每个育苗穴中至少播2粒种子,覆土厚度为1.5~2cm

菜豆播种后棚内的温度白天保持在20~25℃夜间保持在18~20℃

3.施肥整地

选择土壤肥沃、疏松的壤土或沙壤土地块整地并施足基肥。中等肥力的地块每亩可施充分腐熟的有机肥2 500～3 500kg、过磷酸钙15～20kg、硫酸钾50kg，均匀撒在地里后再深翻30cm，耙细整平。

4.定植

定植的行距为50～60cm，株距为40～45cm，要在定植后覆盖地膜进行保温，浇一点水。经过3～5天就可以缓苗。

四、田间管理

1.抽蔓期管理（缓苗到开花，如图8-15所示，在25～30天）

温度管理　温度保持在15～20℃。

搭架　由于菜豆是蔓生植物。当植株长出3～4对真叶时，就需要用竹竿搭架子。既有利于菜豆生长，又便于以后的管理。

浇水施肥　当植株长出6～7对叶子时，浇1次抽蔓水，结合浇水每亩追施磷酸二铵15～20kg。

2.结荚期管理（开花到采收前，如图8-16所示，20天左右）

温度管理　以15～20℃为宜。

浇水施肥　应保持干花湿荚，也就是在初花期控水为主。如果遇到土壤和空气湿度过低，在临开花前，可以浇1次小水。第1花序的嫩荚伸出后，要浇1次水，随浇水可追肥1次。每亩追施磷酸二铵10kg，每隔5～7天浇1次水。

图8-15　菜豆抽蔓期

图8-16　菜豆结荚期

3.采收

采收，分期分批，随熟随收。一般落花后10～15天，菜豆由细变粗，颜色也由青绿变为白绿，豆荚中的豆粒略显饱满，此时采收最好。菜豆的采收期比较长，可以连续采收40～50天。如果管理得好，每天都可以采收。

五、病虫害防治

1. 菜豆疫病

危害症状 主要为害茎、叶及荚果。多发生在茎节部或节附近,尤其近地面处。病部初时呈水渍状,后环绕茎部湿腐缢缩,病部以上叶蔓枯死。湿度大时,皮层腐烂,表面产生白霉。叶片染病初呈暗绿色水渍状斑,后扩大为圆形淡褐色斑,表面生白霉。荚果被害病部亦生白霉,腐烂。(如图8-17、图8-18所示)

图8-17 叶片初期症状

图8-18 叶片边缘感染症状

防治方法

①农业防治:选用抗病品种,实行轮作。选择排水良好的沙壤土种植,采用高畦深沟,合理密植;保持通风透光,雨后及时排水。

②药剂防治:在发病初期及时喷药保护,可选用58%雷多米尔·锰锌可溶性粉剂500~800倍液,或64%杀毒矾可湿性粉剂500倍液,或72.2%普力克水剂800倍液,可每隔7~10天喷1次,连续2~3次。

2. 四季豆根腐病

危害症状 主要侵染根部或茎基部。一般早期症状不明显,直到开花结荚时植株较矮小,病株下部叶片从叶缘开始变黄,慢慢枯萎,一般不脱落,病株容易拔出。茎的地下部和主根变成红褐色,病部稍凹陷,有的开裂深达皮层,侧根脱落腐烂,甚至主根全部腐烂。(如图8-19至图8-21所示)

图8-19 菜豆根腐病初期症状

图8-20 菜豆根腐病根边缘感染症状

防治方法

①农业防治:避免连作,实行2~3年非豆科作物轮作方式种植;选用当地优良抗病

品种；施用腐熟堆肥、厩肥等有机肥，并适量施用石灰；加强田间管理，防止大水漫灌，雨后及时排水；发现病株及时拔除并掩埋或烧毁。

②药剂防治：播种时用艾菌托或甲基托布津或50%多菌灵可湿性粉剂配成1:50的药土穴施或沟施。发病初期可选用70%甲基托布津可湿性粉剂500倍液，或75%百菌清可湿性粉剂600倍液，或77%可杀得可湿性粉剂500倍液，或14%络氨铜水剂300倍液，或50%多菌灵

图8-21　菜豆根腐病后期症状

可湿性粉剂1 000倍液加70%代森锰锌可湿性粉剂1 000倍液混合用药，每隔10天左右1次，连喷2～3次，注意应喷射茎基部，喷洒量稍大一些，以药液能沿茎蔓下滴为宜。

第三节　豌　豆

豌豆　又名雪豆、荷兰豆，为豆科豌豆属一二年生攀缘草本植物。豌豆营养丰富，味道鲜美爽口。豌豆是世界性第二大食用豆类，嫩荚、嫩豆粒和嫩梢均可作为菜用，是世界卫生组织推荐的最佳健脑蔬菜之一。（如图8-22所示）

图8-22　豌豆

一、对生长环境条件的要求

环境条件

温　度	发芽适温为10～18℃，茎叶生长适温为12～16℃，开花结荚期适温为15～18℃，嫩荚成熟期适温为18～20℃。
光　照	对光照要求不十分严格，但在长日照、低温条件下，能促进花芽分化。生长期间需充足光照。
水　分	要求中等湿度，土壤湿度为田间最大持水量的70%，适宜的空气相对湿度为60%左右。不耐涝。
土　肥	以疏松透气、有机质含量较高的中性土壤为宜。注意施用磷肥和钾肥。

二、育苗

1.播种

营养钵装土　　打足底水　　每钵播 2~4 粒种子　　盖 2cm 厚细土

2.苗期管理

播后苗前　温度需保持在 10 ~ 18℃。

出苗后　苗长出后要提供充足的水肥,长出 2 片真叶施1次速效氮肥,施肥后立即浇水,保持床土见干见湿。定植前炼苗5 ~ 6 天。

三、整地定植

整地施肥　深翻25cm,每亩施腐熟有机肥5 000kg、过磷酸钙25kg。单垄栽培,垄宽50cm;或高畦双行栽培,畦宽1m,也可与叶菜隔垄隔畦间种。

定植　当棚内气温在4℃左右时定植,按株距20cm开穴栽苗,如图8-23所示。

图 8-23　定植

四、田间管理

1.搭架吊蔓

豌豆苗长到30cm左右时,要打顶和摘心。摘心的时候可以搭建支架,每株搭建一个支架,再用细绳牵连起来,如图8-24所示。豌豆的盛花期,可以摘除一些花朵及枝叶。

图 8-24　支架

2.中耕除草

豌豆苗的生长速度是比较慢的,要及时中耕除草,以免杂草猛长,造成草荒,影响豌豆产量。

3.合理施肥

豌豆其实具有很强的固氮性,土壤肥力充足,可以不追施氮肥。豌豆对磷、钾肥的需求较高,要及时补充。豌豆的花期和结荚期应及时喷洒叶面肥。

4.浇水排水

种植过程中如遇干旱天气,一定要及时浇水,防止豌豆缺水枯死,特别是在豌豆结荚期和花期。如果遇到连续降水的天气,要及时排涝。

5.采收

开花后10天左右,嫩荚为绿色时分期分批采收。

五、病虫害防治

1.豌豆茎腐病

危害症状　为害豌豆茎基部及茎蔓。被害茎部病初出现椭圆形褐色病斑,绕茎扩展,终致茎段坏死,呈灰褐色至灰白色,茎上部托叶及小叶亦渐枯萎;后期枯死茎段表面散生小黑粒。(如图8-25、图8-26所示)

在播种后多雨时,幼苗易被病菌感染;台风过后或秋雨连绵的年份发病较多;稻田秋作后连作秋播豌豆时,湿度大,发病增多;春季霜冻后或潜叶蝇食痕处及多肥软弱和过于繁茂均可发病。

图8-25　豌豆茎腐病根部症状

图8-26　豌豆茎腐病后期症状

防治方法

①农业防治:选用抗病品种,种子应消毒,播种后减少灌水,架设防风屏障。

②药剂防治:喷施40%复活1号600倍液或70%代森锰锌(大生)800倍液2~3次或更多,隔10~15天1次,前密后疏,交替喷施。喷药时着重喷洒茎基部。

2.豌豆花叶病

危害症状　全株发病。病株矮缩,叶片变小,皱缩,叶色浓淡不均,呈镶嵌斑,结荚少或不结荚。(如图8-27、图8-28所示)

花叶病毒在寄主活体上存活越冬，由汁液传染，还可由蚜虫传染，此外种子也可传毒。毒源存在的条件下，利于蚜虫繁殖活动的天气或生态环境亦易发病。

图 8-27　豌豆花叶病茎叶初期症状　　　图 8-28　豌豆花叶病全株感染症状

防治方法

①农业防治：选用内软 1 号等抗病品种，加强田间管理，早发现早拔除病株，收获后及时清洁田园。

②药剂防治：及时全面喷药杀蚜，用 50% 抗蚜威可湿性粉剂 2 000 倍，液或 2.5% 高效氯氟氰菊酯乳油 3 000～4 000 倍液，或 20% 高效氯氰菊酯＋马拉硫磷乳油 2 000 倍液，8～10 天 1 次，连喷 2～3 次。发病初期喷施 20% 盐酸吗啉胍＋乙酸铜可湿性粉剂 500 倍液，或 5% 菌毒清水剂 200～300 倍液，或 1.5% 植病灵乳剂 1 000 倍液等药剂，7～10 天 1 次，连续用药 2～3 次。发病严重的地块喷洒 2% 宁南霉素水剂 500～600 倍液。

第九章

白菜类蔬菜

第一节　大白菜

大白菜　别名结球白菜、黄芽菜，为十字花科芸薹属芸薹种中能形成叶球的亚种，属一或二年生草本植物，如图9-1所示。大白菜营养丰富，叶球品质柔嫩，易栽培，产量高，耐储运，符合我国消费习惯，各地普遍栽培。

图9-1　大白菜

一、大白菜的三个基本生态型

卵圆型（海洋性气候生态型）
叶球卵圆形，球形指数约为1.5；栽培中心为山东半岛。

平头型（大陆性气候生态型）
叶球倒圆锥形，球形指数接近于1；栽培中心为河南中部。

直筒型（交叉性气候生态型）
叶球细长圆筒形，球形指数大于4；栽培中心为冀东。

二、对生长环境条件的要求

环境条件

温度	属半耐寒性植物，喜欢冷凉。种子萌发时的适温为 20 ~ 25℃。莲座期适温为 17 ~ 22℃。结球期要求温和、冷凉的气候条件。
光照	生长阶段大白菜需要充足的阳光。光合强度幼苗期最低，莲座期较强，结球期最强。
水分	大白菜叶子多，叶面积大，叶面角质层薄，水分蒸腾量大，根系浅，所以需水多，特别是结球期，需水量最大。
土壤	疏松肥沃，通气、保水、保肥能力强，土层深厚的壤土及黏壤土，最适合栽培白菜。

三、栽培技术

1.基肥

选择土层深厚、土壤肥沃的地块,以葱蒜类、瓜类、豆类蔬菜前茬为最好,不要与十字花科蔬菜连作,避免土传病害的发生。前茬作物收获后,及时整地施肥,底肥配合施用有机肥和化学肥,每亩施充分腐熟的优质农家肥2 000 ~ 2 500kg,或商品有机肥200 ~ 300kg、尿素20 ~ 25kg、过磷酸钙50kg、硫酸钾30kg。

2.整地

平畦:适于干旱地区,畦面宽80cm,双行种植,播种后覆膜。(如图9-2所示)

高垄或高畦:适于多雨、地下水位较高地区,一般垄高15 ~ 20cm,垄宽20 ~ 30cm,垄距50 ~ 60cm。(如图9-3所示)

图9-2 整地平畦　　　　　　　　　　图9-3 整地起垄

3.播种

选择产量高、抗病能力强的品种和饱满、整齐度一致的种子。种子纯度和净度要在95%以上。当温度在20 ~ 25℃时,可条播或穴播。播种量要足,以确保白菜全苗。

4.间苗、定苗

当白菜幼苗长到"十"字形时,进行第1次间苗,株距为5cm左右;待白菜生长至5片叶时,进行第2次间苗,株距为10cm左右;当白菜出现6 ~ 7片叶片时,定苗,每亩留苗2 200 ~ 2 800株。

5.肥水管理

白菜莲座期、结球期、包心前等是生长的重要时期,要结合灌溉追施速效肥料,以促进白菜健康生长。莲座期每亩追施硫酸铵15 ~ 20kg,叶面喷施0.3% ~ 0.5%的氯化钙或硝酸钙溶液;结球前期结合灌溉每亩追施尿素15 ~ 20kg、硫酸钾10kg;包心前每亩追施硫酸铵10 ~ 15kg。收获前20天内停止施用速效氮肥。

6.莲座期管理

扩大叶面积,平衡根叶生长,促进白菜迅速形成心叶,为结球期打下良好的基础。进入莲座期以后,需要大量追肥灌水,应及时地追1次莲座肥(发棵肥),以促进外叶的生长,心叶的分化和根系的增大。到了莲座期,包心前7~10天,应适当蹲苗,暂停浇水,只进行中耕松土,使根、叶生长更为均衡,也有利于心叶抱合。(如图9-4所示)

7. 结球期管理

结球期叶球生长迅速,重量增加快,是肥水需要量最多的时期。追肥后要连浇2次大水,一直保持土壤湿润。到结球中期追1次"灌心肥"。收获前7~10天,需停止浇水,以保证质量。(如图9-5所示)

图9-4 大白菜莲座期   图9-5   大白菜结球期

8. 收获

大白菜在叶球充分长成时收获,如图9-6所示。一般秋季尽可能晚收。白菜能耐轻霜,经轻霜后也能在田间继续生长,充实叶球。但在温度降至-3℃以下,会发生冻害,需特别注意。有的采取束叶措施,更利于收获拔菜储藏。

图9-6 大白菜收获

四、病虫害防治

1. 霜霉病

危害症状 苗期发病子叶或嫩茎变黄后枯死。真叶发病多始于下部叶背,初生水浸状淡黄色周缘不明显的斑,持续较长时间后,病部在湿度较大时,长出白霉,如图9-7所示。在气温较低(16℃左右),昼夜温差较大,雨后有露水或雾,田间湿度大时易发病。多在莲座末期至结球初期发病。病源主要来源于土壤及种子。

防治方法 用58%甲霜灵锰锌可湿性粉剂500倍液,或用75%百菌清可湿性粉剂

500倍液。

2. 干烧心

危害症状　大白菜干烧心属生理病害，大多是在结球期及储藏期间发生。发病原因多为施用化肥不当、土壤盐碱、灌溉水质差、天气干旱、栽培管理不当等。

大白菜叶球外观正常，当剥开叶球后，可看到部分叶片从叶片边缘变干黄化，叶肉呈干纸状，如图9-8所示。严重者可逐渐向中心部发展，失去商品价值和食用价值。

图9-7　大白菜霜霉病

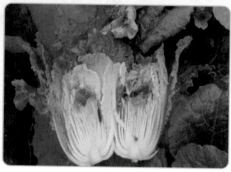

图9-8　大白菜干烧心

防治方法　选用抗病品种，加强栽培管理（增施有机肥，注意轮作，合理施用氮素化肥，增施磷、钾肥），增施钙肥，在苗期、莲座期或结球期喷洒大白菜干烧心防治丰防治。

第二节　小白菜（青菜）

小白菜　别名油白菜、青菜。是十字花科芸薹植物油菜的嫩茎叶，原产我国，颜色深绿，帮如白菜，属白菜的变种。南北广为栽培，四季均有供应。（如图9-9所示）

图9-9　小白菜

小白菜按其叶柄颜色不同分为白梗菜和青梗菜两种。白梗菜,叶绿色,叶柄白色、直立、质地脆嫩,苦味小而略带甜味。青梗菜,叶绿色,叶柄淡绿色、扁平微凹、肥壮直立,植株矮小,叶片肥厚、质地脆嫩、略有苦味。

一、对生长环境条件的要求

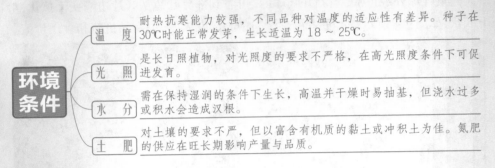

环境条件	温 度	耐热抗寒能力较强,不同品种对温度的适应性有差异。种子在30℃时能正常发芽,生长适温为18~25℃。
	光 照	是长日照植物,对光照度的要求不严格,在高光照度条件下可促进发育。
	水 分	需在保持湿润的条件下生长,高温并干燥时易抽薹,但浇水过多或积水会造成沤根。
	土 肥	对土壤的要求不严,但以富含有机质的黏土或冲积土为佳。氮肥的供应在旺长期影响产量与品质。

二、播种育苗

1. 品种选择

小白菜在不同季节播种,需采用不同品种。如在冬季、早春气温较低时播种,应选用耐寒、抽薹迟的品种,如早生华京青梗菜、春水白菜;夏播则应选择耐热、耐风雨的品种,如D94小白菜、矮脚黑叶,以获得较高产量。

2. 适时播种

小白菜一年四季均可栽培,主要有秋冬季、春和夏三大栽培季节。

秋冬小白菜　在8—12月份均可陆续播种或育苗。

春小白菜　在1—3月份播种。为防止先期抽薹,可选择冬性强和抽薹迟的品种。

夏小白菜　宜选择较耐热的品种,如早熟五号、夏阳白、夏绿等于6—7月份播种,8—9月份收获上市。

3. 栽培方式

直播种植　夏季气温高,小白菜生长快,同时夏季种植密度大,故一般采用直播方法。每亩用种量为250g左右。播种要疏密适当,使苗生长均匀;避免播种过密,浪费种子、增加间苗工作量,且幼苗纤弱,不利生长。播种可采用撒播或开沟条播(如图9-10所示)、点播方式。

育苗移植　育苗是因为苗地面积小,便于精细管理,利于培育壮苗;且节省种子,每亩用种量只需100g,单株产量高、质量好。在地少而劳力又相对集中的地区或秋冬适合小白菜生长的季节,采用育苗移植,一般苗期为25天。定植的株行距为16cm×16cm至22cm×22cm。气温较高可适当密植,较凉可采用较宽的株行距。(如图9-11所示)

图9-10　小白菜条播

图9-11　小白菜移植

三、栽培技术

1. 水分管理

小白菜整个生长期要求有充足的水分。在幼苗期或刚定植后,如阳光强烈,必须每天淋水3次,以保证植株正常生长。在雨季则要注意排水,以防病害发生。

2. 施肥管理

小白菜生长期短,在种植前必须施足基肥,每亩施腐熟农家肥1 000～1 500kg。后期一般不用追肥,特殊情况下可适当追施较稀薄的肥水。

3. 采收

从间苗开始,陆续采收,可采收很长时间。

四、病虫害防治

小白菜招虫,但因生长期短,可以不打农药只挂粘虫板,这样即可以减少虫害为害。

第三节　结球生菜

结球生菜　别名西生菜、圆生菜、结球莴苣,为菊科莴苣属植物。叶用莴苣以新鲜嫩叶为主要食用部位,质地柔嫩。(如图9-12所示)

图9-12　结球生菜

一、对生长环境条件的要求

环境条件

温　度　为喜冷凉、忌高温作物。种子发芽适温在15～20℃，叶球生长适温为13～16℃。可耐高温，在雨季前最好能及时采收。

光　照　结球生菜为长日照作物，在生长期间需要充足的阳光。光线不足易导致结球不整齐或结球松散。

水　分　根系入土较浅，在结球前要求有足够水分供应，保持土壤湿润。

土　壤　要获得良好的叶球，需选择肥沃的壤土或沙壤土，若土壤偏沙瘠薄、有机肥施用不足，易引发各种生理病害。

二、栽培技术

1. 播种育苗

先将种子浸几分钟后用透气的湿布包起来，放于15～20℃环境中催芽，经2～3天发芽后即可播种。营养杯育苗法，用种量少，苗成活率高，苗壮，而且定植时能保持根系完好，定植后生长快，包心早。营养杯育苗土配方为泥土6份、堆肥3份、谷壳（或蛭石）1份，再加入少量硼砂，混匀，入杯。每杯播2～3粒种子。播后覆盖1层薄土，再盖稻草，淋足水分。另外，有的地区用穴盘育苗，成苗效果也很好。

2. 苗期管理

播后2～3天出芽即可揭去稻草，揭草不及时易产生高脚苗。夏季播种育苗，要搭荫棚，既可防雨水冲击，又可遮阳。出苗后，每天早、晚淋水。播后约2周间苗，除去弱苗、高脚苗，保留1株健壮的苗。苗龄15天后可施稀薄尿素。苗期25～30天。

3. 整地定植

定植前细致整地，施足基肥，使土层疏松，以利根系生长和须根吸收肥水（如图9-13所示）。早熟种采用双行栽植，行距35cm，中熟种及晚熟种适当疏植，以便充分生长。可采用高畦栽培，行距40cm，株距30～35cm，每亩植3 000～3 700株，如图9-14所示。定植后3～4天，每天早、晚适量浇水以提高植株成活率。若发现缺株，应及时补苗。

图9-13　整地施基肥

图9-14　结球生菜定植

三、田间管理

1. 水分

幼苗定植后要保持土壤湿润,水量随秧苗的生长而逐渐增多,莲座期和结球期需水量最多,如图9-15所示。进入莲座期,要严格控制水分,避免病害发生。

2. 适时追肥

第1次追肥在定植后5～6天进行,缓苗后浇0.3%尿素水,每亩用尿素5kg,促进叶片生长,定植后15～20天第2次浇水施肥。当心叶开始抱球,施用复合肥20kg加氯化钾7.5kg,然后浇水。(如图9-16所示)

图9-15　浇水

图9-16　追肥

3. 中耕

中耕不宜过深,保持土壤半干半湿,促进根系发育和叶片旺盛生长,如有杂草人工拔除。

4. 采收

结球生菜从定植至采收,早熟种约需55天,中熟种约需65天,晚熟种需75～85天,以提前几天采收为好。采收标准,用两手从叶球两旁斜按下,以手感坚实不松为宜。收获前15天控水。收获时选择叶球紧密的植株贴地面割下,剥除老叶,留3～4片外叶保护叶球,或剥除所有外叶,用聚苯乙烯薄膜单球包装,并及时转入冷藏车厢运出销售。运储适宜温度为1～5℃。

四、病虫害防治

1. 结球生菜病毒病

危害症状　结球生菜病毒病在整个生育期均可发生。苗期发病,出苗后半个月就显现症状。叶片现出淡绿或黄白色不规则斑,叶缘不整齐,出现缺刻。继续染病,叶片初现明脉,如图9-17所示,后逐渐现出黄绿相间的斑或不大明显的褐色坏死斑点及花叶。成株染病症状有的与苗期相似,有的细脉变褐,出现褐色坏死斑点,或叶片皱缩变小,植株矮化,叶脉变褐或生出褐色坏死斑,导致病株生长衰弱,结实率下降,如图9-18所示。

图 9-17　叶片出现明脉

图 9-18　叶片出现皱缩

防治方法

①农业防治：选择抗病良种，无病毒种子。适期播种，播种前后注意铲除田间及周边杂草，及早防蚜避蚜。

②药剂防治：发病初期喷施 1.5% 植病灵乳剂 1 000 倍液，也可用 20% 病毒 A 可湿性粉剂 500 倍液，或 10% 混合脂肪酸·铜水剂 100 倍液，或 38% 抗病毒 1 号可湿性粉剂 600～700 倍液等，每隔 5～7 天喷 1 次，连续 2～3 次。

2. 结球生菜菌核病

危害症状　菌核病又称丝核菌病。该病首先在结球生菜茎基部发病，然后逐渐扩展至整个茎部，使茎部腐烂或沿叶帮向上发展引起烂帮和烂叶，如图 9-19 所示。湿度大时形成软腐，并产生一层厚密的白色絮状菌丝体，如图 9-20 所示，后期转变成黑色鼠粪状菌核。茎部或叶片遭破坏腐烂，纵裂干枯，最后整株枯萎死亡。

图 9-19　菌核病症状

图 9-20　白色絮状菌丝体

防治方法

①农业防治：选择抗病品种。合理施用氮肥，增施磷、钾肥，增强植株的抗病力。水旱轮作或与其他蔬菜轮作可减少病害。栽培时还可覆盖阻隔紫外线透过的地膜，使菌核不能萌发。

②药剂防治：发病初期，先清除病株病叶，再选用 50% 异菌脲可湿性粉剂 1 000 倍液，或 40% 菌核净（纹枯利）可湿性粉剂 800 倍液，或 45% 噻菌灵（特克多）悬浮剂 800 倍液喷雾，重点喷洒茎基和基部叶片，隔 7～10 天 1 次，防治 4～5 次。

还可选用粉尘法和烟雾法防治。

第四节 菜薹

菜薹 又名菜心,十字花科芸薹属一或二年生草本植物。适合播种在南方温暖地区,是我国南方的特产蔬菜之一,一年四季均可播种。(如图9-21所示)

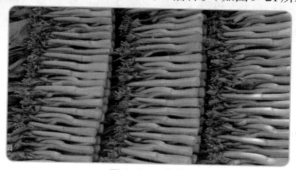

图9-21 菜薹

一、对生长环境条件的要求

环境条件

温度	喜温和气候,发芽和幼苗生长适温25 ~ 30℃,叶片生长和薹基形成适温为15 ~ 20℃。温度过高或过低,影响菜薹质量。
光照	属长日照植物,多数品种对光周期要求不严格,充足阳光有利于生长发育。
水分	要求水分充足,不耐旱。
土壤	适宜在肥沃疏松、有机质丰富、排灌方便的沙壤土或壤土栽培。

二、育苗管理

1. 品种选择

菜薹品种的选择因地域、茬口及消费需求等不同而有所差异。如夏秋栽培时,宜选择早熟、抗病性强的品种;秋冬栽培时,宜选择中晚熟、商品性好的无蜡粉品种;而春夏栽培时,宜选择主薹较粗壮的中晚熟品种。

2. 播种

可以选择人工播种或半机械化播种。菜薹一般播种后3 ~ 5天即出芽,出苗前注意保持土壤湿润,以保证出苗整齐;结合植株生长情况,可适当追施0.5%尿素液或0.5%磷酸二氢钾液叶面肥1次;定植前3 ~ 5天,适当控制水分供给,培育壮苗。

3. 整地定植

定植前细致整地,施足基肥,最好施入家禽粪便,使土层疏松,如图9-22所示,浇水灌透。定植的株行距,早熟品种为13cm×16cm,晚熟品种为18cm×22cm,如图9-23所示。定植时应小心少伤根系,以利缓苗成活。定植后及时灌水。

图9-22　整地施肥　　　　　　　　　图9-23　定植

三、栽培技术

1. 追肥管理

菜薹缓苗快,生长迅速,需肥量大,应及时追肥。幼苗定植后2～3天发新根时,结合浇水,追施第1次肥料。每15亩施腐熟的人粪尿液7 500～15 000kg,或尿素150kg,促进秧苗迅速生长。植株现蕾时施第2次肥,每15亩追施人粪尿7 500～15 000kg,或尿素150～225kg,促进菜薹迅速发育。在大部分主菜薹采收后追施第3次肥料,每15亩施人粪尿15 000kg,或尿素150～300kg,以促进侧薹的发育。(如图9-24所示)

2. 水分管理

生长期每天喷水,如图9-25所示,保持土壤湿润。干旱影响菜薹生长发育,并降低产品质量。

图9-24　追肥　　　　　　　　　图9-25　喷水

3. 采收

菜心可收主薹和侧薹。一般早熟种生育期短,主薹采收后不易发生侧薹。中晚熟种主薹采收后,还可发生侧薹。主薹长到叶片顶端高度、先端有初花时,俗称"齐口花",为适宜的采收期。如未及"齐口花"采收,则薹嫩,产量降低;如超过适宜的采收期,则薹太老,质量降低。优质菜薹的标准:薹粗、节间长、薹叶少而细,顶部初花。

四、病虫害防治

菜薹生长期短,受病虫害较少。

第十章

蔬菜虫害诊断及其绿色防控

一、菜青虫

菜青虫　菜粉蝶的幼虫，是我国分布最普遍，危害最严重，经常成灾的害虫。嗜食十字花科植物，特别偏食厚叶片的甘蓝、花椰菜、白菜、萝卜等。

生活习性　菜青虫白天活动，尤以晴天中午活跃。羽化后取食花蜜，交配产卵，每次只产1粒，卵散产在叶片的正面或背面，但以叶背面为多。菜粉蝶明显趋向于在花椰菜、结球甘蓝上产卵，其次是在白菜上产卵。卵散产，幼虫行动迟缓，不活泼，老熟后多爬至高燥不易浸水处化蛹，非越冬代则常在植株底部叶片背面或叶柄化蛹，并吐丝将蛹体缠结于附着物上。发育最适温为20～25℃，相对湿度76%左右。在适宜条件下，卵期4～8天，幼虫期11～22天，蛹期约10天（越冬蛹除外），成虫期约5天。第1代幼虫于5月份出现，5—6月份是虫害最严重的时候；第2～3代幼虫在7—8月份出现，此后气温过高虫害减少。8月后气温下降有利于虫害发育，8—10月份再进入为害盛期。

危害症状　菜青虫咬食寄主叶片，2龄前仅啃食叶肉，留下一层透明表皮，3龄后蚕食叶片形成孔洞或缺刻，严重时叶片全部被吃光，只残留粗叶脉和叶柄，造成绝产。易引起白菜软腐病的流行。苗期受害严重时，重则整株死亡，轻则影响包心。菜青虫还可以钻入甘蓝叶内为害，不但在叶球内暴食菜心，排出的粪便还污染菜心，使蔬菜品质变坏，并引起腐烂，降低蔬菜的产量和品质。一年中以春秋两季为害最重。（如图10-1至图10-3所示）

图10-1　菜青虫

图10-2　菜青虫为害甘蓝

图10-3　菜青虫为害白菜

绿色防控

农业防治

合理布局，尽量避免十字花科蔬菜周年连作。在一定时间、空间内，切断其食物源。十字花科蔬菜收获后，清除田间残株，消灭田间残留的幼虫和蛹。早春可通过覆盖地膜，提早春甘蓝的定植期，避过第2代菜青虫的为害。

生物防治

保护及利用天敌。在天敌大量发生期间，应注意尽量少使用化学药品，尤其是广谱性和残效期长的农药。释放蝶蛹金小蜂、赤眼蜂等天敌。使用Bt乳油喷雾，或菜粉蝶颗粒体病毒和寄生性线虫等。

药剂防治

综合气候、天敌发生情况和蔬菜剩余期综合考虑，决定防治适期。一般常用药剂有90%晶体敌百虫1 000～1 500倍液，或50%敌敌畏乳油1 000倍液喷雾，等等。

二、蚜 虫

蚜虫 又名腻虫。属同翅目蚜科昆虫。为害蔬菜的蚜虫主要有桃蚜（烟蚜）、萝卜蚜和瓜蚜。三种蚜虫都是世界性害虫，分布范围极广。为害茄科蔬菜、豆类、甜菜等多种农作物。

生活习性 多发于每年的4—9月份。因干旱会滋生大量的蚜虫，当5天的平均气温上升到12℃以上时，便开始繁殖。16～22℃时最适宜蚜虫繁殖，干旱或植株密度过大有利于蚜虫为害。一年发生多代，随各地区生长期长短而异。北方可达10～20代，南方可达40代。北方蚜虫的繁殖方式为无性与有性的世代交替，从春至秋都是为无性生殖，也即孤雌生殖，到晚秋才发生雌雄两性交配后在菜株上或桃李树上产卵越冬，也有以成虫或若虫随着白菜在窖内越冬的。南方冬季温暖地区，每代都系无性繁殖。这种昆虫，因为繁殖力强，发育又快，一头雌蚜可产生若虫数十头，以至百余头。若虫五六天即可成熟，产生后代。同时，其发生的快慢也与气候条件有关，春、秋两季，繁殖最迅速，夏季高温多雨，受雨水、天敌的干扰，繁殖数量较少。它除直接为害外，还可传染病毒。

危害症状 以刺吸式口器吸食蔬菜汁液。其繁殖力强，又群聚为害，常造成叶片卷缩、变形，严重时植株停止生长，甚至全株萎蔫枯死。最重要的是它可以传播病毒病，这是最大的为害。同时，蚜虫为害时排出大量水分和蜜露，滴落在下部叶片上，引起霉菌病发生，使叶片生理功能出现障碍，减少干物质的积累。（如图10-4至图10-6所示）

  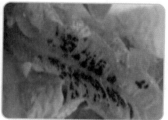

图10-4 蚜虫为害青白菜叶　　图10-5 蚜虫为害甘蓝　　图10-6 蚜虫为害莴笋叶

绿色防控

农业防治

蔬菜收获后及时清理田间残株败叶，铲除杂草。利用蚜虫对黄色有较强趋性的原理，在田间放置上涂机油或其他黏性剂的黄板吸引蚜虫并杀灭。利用银灰色遮阳网、防虫网覆盖蔬菜栽培。

生物防治

注意保护蚜虫的天敌,如七星瓢虫、十三星瓢虫、食蚜蝇等。用生物药剂3%除虫菊素微囊悬浮剂45ml/亩,喷雾防治。

药剂防治

保护地熏烟,于傍晚每亩地用22%敌敌畏烟剂300～400g,分散放3～4堆,用暗火点燃,冒烟后闭棚至第二天早晨。也可选用10%吡虫啉可湿性粉剂2 500～3 000倍液,或用1.5%阿维菌素水剂2 000～3 000倍液,或用2.5%溴氰菊酯乳油1 500～3 000倍液,或用5%啶虫脒乳油3 000～4 000倍液,或用5%啶虫脒·高效氯氰菊酯乳油1 500～2 000倍液喷雾防治蚜虫。

三、斑潜蝇

斑潜蝇 又名鬼画符,为双翅目潜蝇科害虫。主要为害黄瓜、番茄、茄子、辣椒、豇豆、蚕豆、大豆、菜豆、西瓜、冬瓜、丝瓜等作物。

生活习性 该虫在南方各省一般年发生21～24代,无越冬现象,成虫以产卵器刺伤叶片,吸食汁液。雌虫把卵产在部分伤孔表皮下,卵经2～5天孵化,幼虫期4～7天,末龄幼虫咬破叶表皮在叶外或土表下化蛹,蛹经7～14天羽化为成虫。每世代夏季2～4周,冬季6～8周。生长发育适宜温度为20～30℃,温度低于13℃或高于35℃时其生长发育受到抑制。

危害症状 成虫、幼虫都为害。雌成虫飞翔中把植物叶片刺伤,取食并产卵,叶片上布满不透明斑点。幼虫潜入叶片和叶柄为害,产生不规则蛇形白色虫道,叶绿素被破坏,影响光合作用。受害植株叶片脱落,造成花芽、果实被灼伤,严重的造成毁苗。(如图10-7至图10-9所示)

图10-7 斑潜蝇幼虫　　　图10-8 斑潜蝇为害豇豆　　　图10-9 斑潜蝇为害黄瓜

绿色防控

农业防治

强化检疫监管,控制传播蔓延。将斑潜蝇喜食的瓜类、豆类与其不为害的蔬菜轮作,或与苦瓜、芫荽等有异味的蔬菜间作;适当稀植,增加田间通透性;及时清洁田园,把被斑潜蝇为害的作物残体集中深埋、沤肥或烧毁。深耕20cm和适时灌水浸泡能消灭蝇蛹。根据斑潜蝇具有趋黄的习性，采用黄板诱杀斑潜蝇成虫。在菜园和大棚、温室等设施内，张挂两面涂有黄色油漆的废弃纤维板或硬纸板（1m×0.2m），每亩挂25～35块，置于行间，可与植株高度相同。每隔5～7天涂一层黏油，连续若干次。

药剂防治

要选择在成虫高峰期至卵孵化盛期或初龄幼虫高峰期用药，优先选用无污染或污染少的农药，如抗菌素农药1.8%阿维菌素（爱福丁）乳油2 000～3 000倍液，或植物性农药6%绿浪水剂1 000倍液喷雾；也可用30%灭蝇胺2 000～3 000倍稀释液，或20%斑潜净2 000～3 000倍稀释液喷施；或48%毒死蜱（乐斯本）乳油1 000倍液，或10%氯氰菊酯2 000～3 000倍液喷雾。

四、实　蝇

实蝇　双翅目实蝇科昆虫的通称，其幼虫以瓜果类作物为食。为害蔬菜的有南瓜实蝇、胡瓜实蝇、瓜实蝇和枸杞实蝇等。主要为害丝瓜、冬瓜、黄瓜、苦瓜、西瓜、南瓜等瓜类作物。

生活习性　实蝇一年可发生8代，世代重叠，以成虫在杂草等处越冬。每年4月开始活动，发生程度较低。5—8月份实蝇处于持续为害高峰期，为害率达到90%以上，甚至绝收。成虫白天活动，夏天中午高温烈日时，潜伏于瓜棚或叶背，成虫对糖、酒等芳香物质有趋性。雌虫产卵于嫩瓜内，幼虫孵化后即在瓜内取食，将瓜蛀食成蜂窝状，以致瓜腐烂、脱落。老熟幼虫在瓜落前或瓜落后弹跳落地，钻入表土层化蛹。卵期5～8天，幼虫期4～15天，蛹期7～10天，成虫寿命25天。

危害症状　实蝇以成虫产卵器刺入幼瓜表皮内产卵，幼虫孵化后即在瓜内继续咬食果肉。受害瓜局部变黄，而后全瓜腐烂变臭，大量落瓜。瓜被刺伤处凝结流胶，畸形下陷，果实硬实，味苦涩。（如图10-10至图10-12所示）

图10-10　实蝇成虫

图10-11　实蝇为害苦瓜

图10-12　实蝇为害丝瓜

绿色防控

农业防治

覆盖地膜，防止成虫钻入表土层化蛹。及时摘除被害瓜，深埋处理。也可结果后套袋，与虫隔绝，亦可挂实蝇粘板，每隔1～2m悬挂一张粘实蝇。需要视效果更换，如遇下雨粘板效果减半。采用实蝇捕捉器，每隔8m悬挂一个，每两个月需要补加1次引诱剂。

药剂防治

在成虫盛发期，午后、傍晚喷洒2.5%溴氰菊酯乳油3 000倍液或21%增效马·氰乳油6 000倍液；或利用成虫喜食甜质花蜜的习性来诱杀，用香蕉皮或南瓜或甘薯等物与90%敌百虫晶体、香精油按400∶5∶1比例调成糊状毒饵，直接涂于瓜棚竹篱上或盛容器内悬挂诱杀成虫（20个点/亩，25g/点）；或用3%高氯甲维盐2 000～4 000倍稀释液喷施，5%丁硫克百威2 000～3 000倍稀释液或40%辛硫磷2 000～4 000倍液等药剂喷施。

五、豆荚螟

豆荚螟 别称豇豆荚螟。我国各地均有该虫分布，以华东、华中、华南等地区受害最重。主要为害大豆、豇豆、菜豆、扁豆、豌豆、绿豆、四季豆等豆类作物。

生活习性 豆荚螟以蛹在土壤中越冬，每年6—10月份是幼虫为害期。成虫昼伏夜出，有趋光性，卵散产于嫩荚、花蕾或叶柄上，卵期2～3天。幼虫共5龄，初孵幼虫蛀食嫩荚和花蕾，造成蕾荚脱落；3龄后蛀入荚内食害豆粒。幼虫亦常吐丝缀叶为害，老熟幼虫在叶背主脉两侧作茧化蛹，亦可吐丝下落土表和落叶中结茧化蛹。豆荚螟发育最适温度为28℃，相对湿度为80%～85%。6—8月份雨水多，发生重；开花结荚期与成虫产卵期吻合，为害重。

危害症状 主要是幼虫蛀食豆荚内豆粒为害，幼虫也可为害豆叶、花及豆荚，常造成卷叶或蛀入豆荚内取食幼嫩的种粒。荚内及蛀孔外充满粪粒，致植物组织变褐、霉烂。受害豆荚味苦，不堪食用。严重受害区，蛀荚率达70%以上。（如图10-13至图10-15所示）

图10-13 豆荚螟幼虫　　　图10-14 豆荚螟成虫　　　图10-15 豆荚中的豆荚螟幼虫

绿色防控

农业防治

选用抗虫品种，避免豆科植物连作。在水源方便的地区，可在秋、冬灌水数次灌溉灭虫，增加越冬幼虫的死亡率。在夏豆开花结荚期，灌水1～2次，可增加入土幼虫的死亡率。使用防虫网防治豆荚螟，也可在田间架设黑光灯或频振式杀虫灯，诱杀成虫。

药物防治

从现蕾开始，抓住卵孵化高峰期施药，可亩用10%溴氰虫酰胺可分散油悬浮剂3 000 ~ 3 500倍液，或用2.5%高效氯氟氰菊酯乳油3 000倍液，或用2.5%溴氰菊酯乳油3 000倍液喷雾防治，间隔7 ~ 10天喷1次。

六、小菜蛾

小菜蛾　属鳞翅目菜蛾科昆虫，是十字花科蔬菜的主要害虫之一。分布于世界各地，国内各省蔬菜栽培区均有发生，以南方菜区为重。寡食性，主要为害大白菜、花椰菜、萝卜、包心菜等，其次是青菜、小白菜等。

生活习性　以蛹在残株落叶、杂草丛中越冬，翌年5月份羽化，成虫昼伏夜出，白天仅在受惊时在株间做短距离飞行。成虫产卵期可达10天，平均每雌产卵100 ~ 200粒，卵散或数粒在一起产于叶背脉间凹陷处。卵期3 ~ 11天。幼虫共4龄，发育历期12 ~ 27天。幼虫活跃，遇惊扰即扭动、倒退或翻滚。老熟幼虫在叶脉附近结薄茧化蛹，蛹期约9天。小菜蛾的发育适温为20 ~ 30℃，在5—6月份及8月份呈两个发生高峰，以春季为害重。

危害症状　主要是叶片受害，被低龄幼虫取食后，只留一层透明的表皮，在菜叶上形成一个个透明的斑，称为"开天窗"；被3 ~ 4龄幼虫取食，可造成许多大小不同的孔洞和缺刻，严重时全叶被吃成网状；虫口密度高时，叶片可全部被吃光，只剩下叶柄和叶脉。在苗期，幼龄虫常集中在心叶为害，使菜不能包心。留种蔬菜的嫩茎、幼荚和籽粒等也可被害，影响结实。（如图10-16至图10-18所示）

 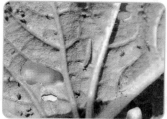 

图10-16　小菜蛾成虫　　　图10-17　幼虫为害萝卜叶　　　图10-18　小菜蛾为害甘蓝

绿色防控

农业防治

合理布局，尽量避免小范围内十字花科蔬菜周年连作；对苗田加强管理，避免将虫源带入田内；蔬菜收获后，要及时处理残株败叶或立即翻耕，可消灭大量虫源。

物理防治

小菜蛾有趋光性，在成虫发生期，集中连片田块可用频振式杀虫灯、高压汞灯、黑光灯诱杀小菜蛾，减少虫源。

药物防治

用2.5%多杀霉素悬浮剂1 000～2 500倍液，或用0.5%甲氨基阿维菌素苯甲酸盐乳油2 000～3 000倍液，或用1.8%阿维菌素乳油2 000～3 000倍液，或用4.5%高效氯氰菊酯乳油1 000～2 000倍液，或用6%阿维菌素·氯虫苯甲酰胺悬浮剂1 500～2 000倍液，或用15%茚虫威水分散粒剂5 000～7 500倍液，或用6%乙基多杀菌素悬浮剂1 500～3 000倍液喷雾。

七、白星花金龟

白星花金龟　又叫白纹铜花金龟、朝鲜白星金龟子、白星花潜，俗称瞎撞子、铜克螂等，属于鞘翅目花金龟科昆虫。成虫取食蔬菜的花器。

生活习性　每年发生1代。以幼虫在土中越冬。成虫于5月上旬开始出现，6—7月份为发生盛期。成虫白天活动，有假死性，对酒、醋味有趋性，飞翔力强，常群聚为害留种蔬菜的花和玉米花丝，产卵于土中。幼虫（蛴螬）多以腐败物为食，以背着地行进。

危害症状　以成虫危害寄主的花、果实、叶片。幼虫为腐食性，一般不危害植物。（如图10-19至图10-21所示）

图10-19　白星花金龟　　　　图10-20　为害辣椒　　　　图10-21　为害大葱花

绿色防控

农业防治

深翻土地，拾虫，施腐熟厩肥，以降低虫口数量；在幼虫（蛴螬）发生严重的地块，合理灌溉，促使幼虫（蛴螬）向土层深处转移，避开幼苗最易受害时期。

物理防治

使用频振式杀虫灯防治成虫效果极佳。频振式杀虫灯单灯控制面积30～50亩，连片规模设置效果更好。灯悬挂高度，前期1.5～2m，中后期应略高于作物顶部。一般6月中旬开始开灯，8月底撤灯，每日开灯时间为21时至翌日4时。

化学防治

土壤处理：可用50%辛硫磷乳油每亩200～250g，加10倍水，喷于25～30kg细土中拌匀制成毒土，顺垄条施，随即浅锄；或每亩用3%辛硫磷颗粒剂2～2.5kg，或每亩用5%二嗪磷颗粒剂1～2.5kg，拌细土20～25kg，在犁地前均匀撒施，并兼治金针虫和蝼蛄。

沟施毒谷：每亩用25%辛硫磷微胶囊剂150～200g拌饵料（谷子等）5kg左右，或用50%辛硫磷乳油50～100g拌饵料3～4kg，撒于种沟中，兼治蝼蛄、金针虫等地下害虫。

灌根：对发生虫害的菜田，可选用50%辛硫磷乳油1 000倍液，或用50%二嗪磷乳油1 000倍液，或用90%敌百虫可溶性粉剂1 000倍液等灌根防治。

八、跳　甲

跳甲　为鞘翅目叶甲科跳甲亚科昆虫。以危害十字花科蔬菜为主，亦危害茄果类、瓜类、豆类蔬菜。春秋两季发生严重。

生活习性　跳甲均以成虫在残株落叶、杂草及土缝中越冬。成虫善跳跃，高温时能飞翔，有趋光性。白天中午活动最盛，夜间隐蔽。耐高温，10℃以上开始取食，32～34℃时食量最大，34℃以上食量大减。最适生长温度为24～28℃，卵孵化时要求湿度很高，高温高湿利于发生危害。跳甲偏食十字花科蔬菜连作菜地。

危害症状　是主要的作物害虫，成虫和幼虫均能为害。成虫吃叶，幼虫吃根。成虫咬食叶片，造成许多小孔，尤喜幼嫩的部分，常导致幼苗停止生长，甚至整株死亡。种株的花蕾和嫩荚也可受害。幼虫为害根部，将菜根表皮蛀成许多弯曲的虫道，咬断须根，使地上部分叶片发黄萎蔫而死。此外，成虫和幼虫造成的伤口，易传播软腐病。（如图10-22至图10-24所示）

图10-22　跳甲成虫　　　图10-23　跳甲为害白菜　　　图10-24　跳甲为害菜叶

绿色防控

农业防治

播种前深翻晒地，改变生存环境，避免连作，特别是尽量避免十字花科蔬菜连作，中断害虫的食物供给时间，可减轻为害。收获后清除田间残株、落叶及杂草，集中烧毁或深埋，消灭越冬或越夏害虫，减少田间虫源。播种前深耕晒土，可改变幼虫在地里的环境条件，不利其发生，并有灭蛹的作用。防治其他害虫，使用黑光灯或者频振式杀虫灯诱杀成虫；在距地面25～30cm处放置黄色或者白色粘虫板，30～40块/亩，也可以较好地降低成虫数量。

药剂防治

杀幼虫可用90%晶体敌百虫600倍液，或50%辛硫磷乳油500倍液灌根；杀成虫可用50%敌敌畏800倍液,或50%马拉硫磷乳油1 000倍液,或25%喹硫磷乳油3 000倍液喷雾。

九、黄守瓜

黄守瓜 别称黄足黄守瓜、黄萤、黄虫等,属鞘翅目叶甲科害虫,食性广泛,成虫、幼虫都能危害作物。主要危害西瓜、南瓜、丝瓜、甜瓜、黄瓜等瓜类作物,也可危害十字花科、茄科、豆科蔬菜。

生活习性 黄守瓜以成虫在地面杂草丛中群集越冬。春季温度达到6℃时开始活动,10℃左右全部出动。一般10时至15时活动最为激烈。自5月中旬至8月皆可产卵,以6月最盛,可产卵4～7次,每次平均约30粒,产于潮湿的表土内。黄守瓜喜温湿,湿度愈高产卵愈多,每在降雨之后即大量产卵,相对湿度在75%以下卵不能孵化。卵发育历期10～14天,孵化出的幼虫即可为害细根;3龄以后食害主根,致使作物整株枯死。幼虫发育历期19～38天。成虫于7月下旬至8月下旬羽化,再为害瓜叶、花或其他作物。

危害症状 黄守瓜成虫、幼虫都能为害。成虫喜食瓜叶和花瓣,还可为害南瓜幼苗皮层,咬断嫩茎和食害幼果。叶片被食后形成圆形缺刻,影响光合作用,瓜苗被害后,常带来毁灭性灾害。幼虫在地下专食瓜类根部,使植株萎蔫而死,也蛀入瓜的贴地部分,引起腐烂,使其丧失价值。(如图10-25至图10-27所示)

图10-25 黄守瓜幼虫　　　图10-26 黄守瓜成虫　　　图10-27 黄守瓜为害黄瓜

绿色防控

农业防治

植株长至4片叶以前,可在植株周围撒施石灰粉、草木灰等不利于产卵的物质或撒入锯末、谷糠等物,引诱成虫远离幼根处产卵,以减轻幼根受害。对低地周围场所及秋冬寄主,在冬季要认真进行铲除杂草、清理落叶,铲平土缝等工作,使瓜地免受回暖后迁来的害虫为害。清晨成虫活动力较差,此时捉拿,也可取得较好的效果。

药剂防治

防治成虫可用40%氰戊菊酯8 000倍液或21%增效氰·马乳油8 000倍液。幼虫可用90%敌百虫1 500～2 000倍液或50%辛硫磷1 000～1 500倍液灌根;或用氯氰菊酯1 500～2 000倍稀释液或10%高效氯氰菊酯4 500倍稀释液或80%敌敌畏乳油1 000～

2 000倍稀释液或90%晶体敌百虫1 500～2 000倍稀释液等防治。

十、烟青虫

烟青虫 别称烟夜蛾、烟草夜蛾，属鳞翅目夜蛾科害虫。主要为害辣椒、豇豆、四季豆、烟草等作物。

生活习性 主要分布在我国北方地区，一年2代，以蛹在土中越冬。成虫卵散产，前期多产在寄主植物上、中部叶片背面的叶脉处，后期产在萼片和果上。成虫可在番茄上产卵，但存活幼虫极少。幼虫和成虫昼间潜伏，夜间活动为害。发育期：卵3～4天，幼虫11～25天，蛹10～17天，成虫5～7天。成虫对萎蔫的杨树枝有较强的趋性，对糖蜜亦有趋性，趋光性则弱。幼虫有假死性，可转果为害。天敌有赤眼蜂、姬蜂、绒茧蜂、草蛉、瓢虫及蜘蛛等。

危害症状 以幼虫蛀食花、果为害，为蛀果类害虫。危害辣（甜）椒时，整个幼虫钻入果内，啃食果皮、胎座，并在果内缀丝，排留大量粪便，使果实不能食用。果实被蛀引起腐烂而致大量落果，造成减产。（如图10-28至图10-30所示）

图10-28 烟青虫幼虫、成虫　　图10-29 烟青虫为害番茄　　图10-30 烟青虫为害辣椒

绿色防控

农业防治

避免连作，翻耕，整枝，摘除虫果，早、中、晚熟品种搭配种植。性诱剂诱杀，黑光灯或汞灯诱杀成虫。

药剂防治

由于烟青虫属钻蛀性害虫，所以必须抓住卵期及低龄幼虫期（尚未蛀入果实中）施药，最好使用杀虫兼杀卵的药剂。在幼虫孵化盛期，选用2.5%氯氟氰菊酯乳油2 000～4 000倍液，5%顺式氯氰菊酯乳油3 000倍液，或20%甲氯氰菊酯乳油2 000～2 500倍液，或10.8%四溴菊酯乳油5 000～7 500倍液喷雾，每隔6～7天喷1次，连喷2～3次。在辣椒第1次采收前10天停止使用化学农药。此后，如需防治，只能使用生物制剂，每亩可用0.3%印楝素乳油50～100g对水50升喷雾。

参考文献

[1] 朱国仁,王少丽.新编蔬菜病虫害绿色防控手册[M].第3版.北京:金盾出版社,2015.

[2] 吕佩珂,苏慧兰,尚春明.茄果类蔬菜病虫害诊治原色图鉴[M].北京:化学工业出版社,2017.

[3] 冯杰明.蔬菜病虫害综合防治实用技术[M].北京:中国农业出版社,2016.